U0298433

建筑小学

砖瓦

楼庆西　著

清华大学出版社

北 京

图书在版编目（CIP）数据

砖瓦/楼庆西著.—北京：清华大学出版社，2016（2022.12重印）
（建筑小学）
ISBN 978-7-302-44071-0

Ⅰ.①砖… Ⅱ.①楼… Ⅲ.①砖—建筑材料—历史—中国—②瓦—建筑
材料—历史—中国 Ⅳ.①TU522-092

中国版本图书馆CIP数据核字（2016）第132451号

责任编辑：徐　颖
装帧设计：陈　静
版式设计：彩奇风
责任校对：王荣静
责任印制：朱雨萌

出版发行：清华大学出版社
　　　　　网　　址：http://www.tup.com.cn，http://www.wqbook.com
　　　　　地　　址：北京清华大学学研大厦A座　　邮　　编：100084
　　　　　社总机：010-83470000　　　　　　　邮　　购：010-62786544
　　　　　投稿与读者服务：010-62776969，c-service@tup.tsinghua.edu.cn
　　　　　质量反馈：010-62772015，zhiliang@tup.tsinghua.edu.cn
印装者：小森印刷（北京）有限公司
经　销：全国新华书店
开　本：142mm×210mm　　印　张：5　　字　数：89千字
版　次：2016年11月第1版　　印　次：2022年12月第2次印刷
定　价：39.00元

产品编号：069409-02

目　录

砖 001

砖的起源 003

墙砖 009

画像砖 047

地面砖 070

瓦 087

瓦的起源 089

瓦当文化 093

青瓦屋顶 114

琉璃瓦 132

砖

砖的起源

20世纪20年代，在北京西南房山县周口店，我国考古学家发现了早期人类生活的遗址，在自然的山洞里面，保留着人类的化石，还有许多石锤和用作砍斫、刮削的石器。考古学家将这时的人类称为"北京人"，这些自然山洞就是距今70万年至20万年左右的"北京人"的生活场所——人类早期的住宅。

在陕西西安东郊，考古学家又发掘出一处原始氏族社会聚落的遗址，它属于仰韶文化时期，距今已有6000余年。遗址位置在一条河流的东岸台地上，这里有四五十座排列密集的住房，它们的形式有方形和圆形，都是处于地面以下，所以称之为"穴居"。这些"穴"有深有浅，深者距地面80厘米，浅者几乎与地面持平，可以明显地看出原始人类的住房由深入地面的穴居逐步发展成半穴居，直至地面以上的建筑。这些住房都由墙体和屋顶两部分组成。墙体在地下的部分即为四周土壁；在地上的部分则用木料作骨架，其间填以枝叶、茅草，两面抹泥成为木骨泥墙。屋顶均由树干、树枝作架构，在上面覆以茅草和树叶，有的还在表面抹一层泥土。考古学家根据遗址做出了这些住房的示意图。

在河南汤阴县白莹和河南淮阳县都发现了属于龙山文化时期的房屋遗址，它们都有5000年的历史。在这些房址上都有用

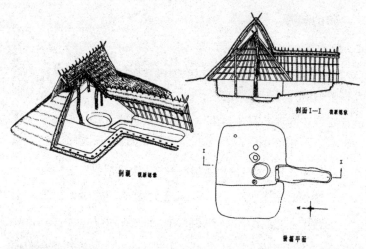

剖视 复原想象

剖面I—I 复原想象

复基平面

西安半坡村遗址住宅图

土坯砌筑的墙体，土坯外形不很规整，尺寸也不统一，有的长20—45厘米，宽15—20厘米，厚4—9厘米；也有的尺寸较大，长40—60厘米，宽30—38厘米，厚8—10厘米。土坯之间用黄泥黏结，缝宽约1厘米，在墙体外壁抹一层细黄泥；内壁在细黄泥之外，加抹草拌泥一层，再抹白灰面。从这些遗存中可以看出当时制作土坯有三种方法：其一是用泥土摔打成一块块土坯，所以外形、尺寸大小均不一致；其二是用泥土在地上摊成片，再切割划分为土坯，所以这些土坯厚度相等，但长短不一；其三可能用模具将泥土压制成大小规格相同的土坯。

土坯虽然已经具备了砖的外形和砖在筑造房屋上的作用，

但它没有经过砖窑烧制的过程，所以，还不能称为真正的砖材。从技术上讲，烧制砖、瓦和烧制一般的陶器是用同样的原料（即泥土）和同样的工艺。火的使用是人类走向文明的重要一步，人们由食用生兽肉到吃上熟肉品；人们用泥土、窑火烧制出碗、罐、盆、壶等多种用品，使物质生活有了很大的提高，所以，在仰韶文化时期的西安半坡村遗址中可以见到专门烧制陶器的窑场。砖和瓦都是房屋上不可缺少的材料，它们和瓶瓶罐罐一样，也是人们生活中必需之物，但是在半坡村遗址上却见不到砖、瓦的遗物。

至今发现的用在建筑上的最早的陶制构件是水管。在河

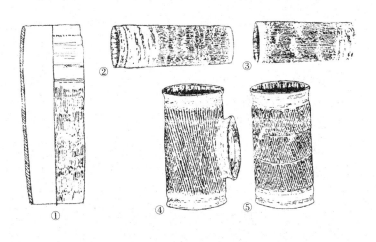

夏商代陶水管

南郑州偃师、安阳等地的古代遗址中都见到过这种排水用的水管，它们都属夏代晚期和商代的遗址，距今有3000多年的历史。考古学家推论房屋上的瓦与水管有相同的形态，所以，瓦在商代也应该已经产生和应用，但实物在稍后的陕西岐山县周原建筑遗址中才见到。真正的砖最早见于河南郑州市二里岗战国时期墓中，墓内用空心砖砌成陶棺，棺底和四周棺壁皆用空心砖围筑，只在棺上面盖以木板，这些空心砖长1.2米，宽0.4米，厚0.17米。从技术上讲，空心砖制作比普通小砖要复杂，它不会一开始就出现，在技术上必有一个发展的过程。而普通砖制作较简单，在房屋上的用处也多，筑墙体、铺地面都需要，所以，从客观需要和制作技术两方面来看，人们能够制作各种生活用的陶器，应该也能制作出砖，至少砖与瓦应该同时出

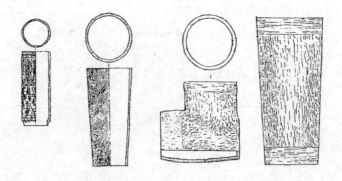

汉代陶管

现，只因为早期陶器用具由于存放于地下墓穴之中，从而能够较好地保存到现在，而砖瓦都用在地面房屋上，它们随着房屋的毁灭而消失，使我们未能见到早期砖的实物。

西周之后至春秋战国时期，各地建筑遗址显示，这时已经有方形和长方形的铺地砖、地下墓穴中的空心砖和砌墙体的小砖。秦汉在政治上统一了中国，大规模建造皇室、宫殿，需要大量的砖、瓦材料，砖材成了房屋建造中的主要材料之一。

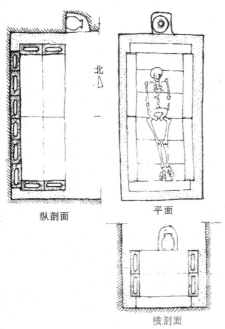

纵剖面　　　　　平面

横剖面　　河南郑州二里岗战国空心砖墓

原始人类从山洞中走出来开始建造自己的住屋，由穴居到半穴居再到地面上的房屋，用土筑墙，用树木筑房顶。随着技术的发展，人们开始用木材作房屋构架，用砖瓦筑墙盖顶，而砖瓦也是以泥土为原料，所以，在中国营造房屋离不开泥土与木材，故而人们将建造房屋称为"土木工程"。直至现代，中国的大学里有关建造房屋的专业仍称土木工程系。

墙砖

对于一幢房屋来讲，用砖最多的莫过于墙体。当木结构建筑的框架完成后，四周用砖墙相围，上面瓦顶一铺，就形成了有实用价值的房屋空间。

（一）土坯砖

从5000年以前的建筑遗址直至近代农村的房屋，都能见到土坯砖。它是最简单的墙砖，用泥土做成砖坯经过晾干后不放

云南腾冲安顺镇民宅

进砖窑烧制而直接用作墙体，为了增加它们的强度，有时还在泥土中掺入稻草或纸筋。土坯砖制作成本低，省工省料，省时间，在农村平民住房上常用来筑造墙体。但它的缺点是坚固性差，抗压性和防水性都不及普通砖材，所以，在筑墙体时多用石料或普通砖作墙的下段，只在上段用土坯。

将砖坯放进砖窑，经过短时烧制即出窑的砖仍保持黄土本色，在坚固性上介于土坯与普通砖之间，可称为半土坯砖。在我国新疆等少雨干旱地区常用作墙体。新疆吐鲁番有一座额敏清真寺，它的礼拜殿和宣礼塔（拜克楼）全部用此类砖砌造，当地工匠用这类简单的砖在宣礼塔上拼砌出十余种不同形式的花纹，从而使造型简洁的塔体表现出一种特殊的艺术感染力。

新疆吐鲁番额敏塔

额敏塔局部

（二）青砖与红砖

　　将砖坯放入砖窑经过高温烧制而成的砖呈青灰色，故称青砖。我国大部分地区房屋皆用青砖砌造墙体。砌墙时将砖平放，层层叠加，其间用灰浆黏连而成实心墙体。由于中国房屋为木结构体系，墙体不承重，所以，有的地区将砖竖立砌造成空心墙体，又称空斗墙。这种砌法既节省砖材又减轻了墙体重量。有的墙体下段实心，上段空心，不仅在结构上更为合理，也使墙体表面具有纹理的变化。

青砖墙

空斗墙

　　红砖和青砖一样，都由泥土作坯，进窑烧制而成，因为烧制的方法（如温度、时间）不同而呈红色，故称红砖。在福建、广东一些地区可以见到用红砖砌造的房屋墙体，当地祠堂、大宅第等比较讲究的建筑，所用的红砖质地坚实，表面平整有光泽，有方形、长条等多种形状，有的表面带有花饰，也有的表面带凸起的"卍"字等纹饰。工匠用这些红砖有规则地砌筑墙体，有时还用青石作窗框和边饰，墙体下段用灰色石料作裙，这种用不同色彩不同质感的材料组成的墙体既显稳重又不失华丽，成为这一地区建筑所特有的装饰。

上空斗下石料墙

上空斗下实砖墙

福建泉州杨阿苗寨红砖墙

中国古代连续两千余年的封建王朝，历代帝王都要建造自己的皇宫，为了表现王朝一统天下的威势，都会花费巨大的人力、财力，使用最好的材料和工艺去建造这些宫殿，从如今留存下来的明清宫殿建筑上，我们可以见到它们的墙体依然用青砖筑造，但这种青砖不同于一般建筑所用的砖材，它在用料、烧制、砌造方法上都与普通青砖不同。用作砖坯的泥土要求特别细腻，进窑烧制时间长，出窑后经过精选，只有质地坚实、砖身细密无空隙、砖体方整者才算合格正品。此类青砖在砌墙时需将朝外的一面打磨光洁，四周边平直，两砖之间不留缝隙而紧密相连，所以这种墙体称为"磨砖对缝"，墙面整体平整如镜。

北京宫殿磨砖对缝墙

（三）城砖

砖除了用在房屋墙体之外，还大量用在城市的城墙上。中国古代城市，上至王朝都城，下至各地府城，为了保卫城市的安全，绝大多数都在城的四周筑有城墙。高大的城墙最初都用土堆造，后来为了城墙的坚固才在土城墙外壁加砌砖材，故称"城墙砖"，简称"城砖"。

各地城墙因关系到城市的安危，所以，多属各级朝廷直接领导或关注的工程，在质量上都有严格的要求。明太祖朱元璋取得全国政权后定都南京，开始大规模建造皇宫，在南京四周筑建起高大的城墙。明朝廷将都城城墙作为国家工程，由朱元璋下令在长江中下游各地设官窑、兵窑，统一烧制专用城砖，

北京明代砖城墙

采用"计田出夫"，即"拥有多少田地出多少天役"的办法，由各地出劳力参与烧砖、运砖和筑城工程。

为了保证城墙质量，除了统一城砖大小（长40厘米、宽20厘米、厚10厘米）外，还规定在砖上印刻制造城砖的府、县负责官员姓名，砖窑所在乡村的保甲长姓名以及烧窑工匠的姓名，以便于在城墙出现损坏时层层追查责任。这种制度确实保证了城砖的质量，使这些巨大的砖材"断之无孔，敲之有声"。因此，不少经历百年、千年沧桑的古城墙至今仍安然屹立。江西赣州建于北宋时期的古城墙上仍能见到印刻有"熙和二年"（1069年）的宋砖和"乾隆伍拾壹年城砖"（1786年）的清砖。

山西平遥古城墙

江西赣州宋代城墙

赣州古城宋代城砖　　　　　　　赣州古城清代城砖

（四）贴面砖

中国古代建筑就一幢房屋看，主要分屋顶、屋身与基座三部分，其中屋身部分占主要位置，而且与人们最接近，而这个部分除门窗外就是砖墙。为了建筑的美观，古代工匠们从屋顶、屋身到基座都进行了不同程度的装饰，其中墙体自然也成为重要的装饰部分。不论是用青砖、红砖还是土坯砌造墙体，工匠多采用同一种砖的不同砌筑法，或两种砖混用，或砖与石料合用等做法达成一种有序的形式美，甚至像新疆吐鲁番额敏塔那样，用一种土坯砖拼砌出十多种花饰。为了进一步使砖墙具有美观的外形，除了这种产生于结构自身的形式美之外，还经常在墙体表面贴一层有装饰效果的薄砖，此种砖称为"贴面砖"。贴面砖有大有小，有长有方，有单色也有彩色，在工匠手中可以在墙面上拼贴出各种花饰。

安徽绩溪龙川村的胡氏宗祠是当地胡氏家族的总祠堂，规模大，装饰讲究，祠堂入口是一座五开间的牌楼式大门，两侧有八字形影壁相护，壁身砖筑，表面贴长方形青砖，每一块青砖上皆有"卍"字纹的白色砖雕，在深灰砖雕壁顶和浅色花岗石的壁座衬托下，使影壁造型端庄又富有人文内涵。

安徽泾县地区可以见到一种表面带纹样的青砖，由深、浅两种灰色组成形如云纹、水纹般的纹样，表面很平整，纹样并

安徽绩溪龙川村胡氏宗祠大门砖影壁

胡氏宗祠大门影壁壁顶

无规律，每一块都不相同，形状有长方形和正方形两种。它们贴在房屋墙体表面，远观一片青灰色，近看有千变万化的自然花纹，具有很好的装饰效果。

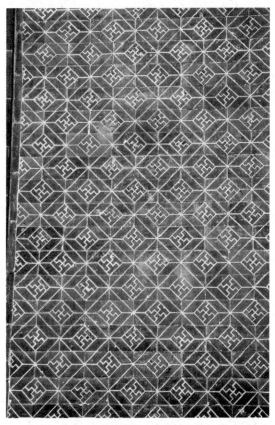

胡氏宗祠大门影壁壁身

安徽泾县农村住宅墙

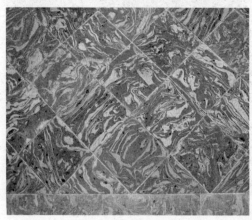

泾县农村住宅墙面砖

我国新疆地区的伊斯兰清真寺都保持着阿拉伯伊斯兰教堂的原始形态——圆拱顶的礼拜堂、带有尖券的门廊和高耸的宣礼楼，它是供教堂主持人阿訇每逢周五礼拜日登高呼唤教徒们前来礼拜的专门建筑，因为这种呼唤名为"叫邦克"，所以又称"邦克楼"。楼形细高，有如佛寺中的佛塔，成为清真寺中标志性的建筑。因为它高，而且居于清真寺大门两侧，位置显要，因而成了装饰的重点。

新疆喀什清真寺邦克楼墙体

这类邦克楼不但出现在每座清真寺中，而且也常常出现在重要的名人墓地、纪念建筑上。为了装饰美化这种高耸的塔楼，在它们的表面往往多用贴面砖，许多清真寺的拜克楼用长方、菱形、六角龟背纹形的贴面砖拼砌成各种几何纹形，在色彩上常见的有黄、蓝二色，以显示纯洁、清澈的环境特色。新疆喀什学者、诗人玉素甫·哈斯·哈吉甫的陵墓，在大门两

喀什玉素甫·哈斯·哈吉甫
陵墓墙体

侧和陵墓四角都有高耸的"邦克楼"。这些邦克楼连同整座陵墓建筑的外墙都贴以带蓝色花纹的白瓷砖。各种几何纹、花草纹的瓷砖相互交错地排列在塔楼和墙体上，形成一种肃穆的气氛，表现出一位学者思想的纯洁与深邃。

用同一色彩或多种色彩的贴面砖只能在墙体表面表现出较简单的色彩和形式之美，为了能够进一步表现出更多的人文含义，就要以带有雕刻的贴面砖进行装饰。我国山西省煤资源十分丰富，自古以来烧制砖、瓦的手工业很发达。当人们走进古代晋商留下来的住宅大院时，可以发现在这些富有商贾的家中，除了满目的青砖青瓦之外，还处处能见到砖雕装饰。有在砖墙顶檐部分的带状装饰，用雕刻有"卐"字纹、回纹、卷草纹的砖横向连成条状放在墙头，有的还在檐头下用面砖拼出垂

山西晋商大院砖墙檐装饰

山西晋商大院砖墙檐装饰

柱和柱间梁枋，梁枋上还有蝙蝠、回纹、花草等雕饰，这些条带形的装饰使大片素平的砖墙有了生气。还有在房屋门、窗之间的墙面上用贴面砖拼砌出梅花与喜鹊的画面和博古架上陈设着香炉、花瓶和盆景的器物画面。

　　山西大院主要厅房一般为二层砖房，上层为木结构带前廊，廊柱间设栏杆，还有的在单层房屋平屋顶四周也设立具有栏杆作用的矮墙，俗称"女儿墙"。这类栏杆和女儿墙均为砖筑，在外侧表面用有雕刻的贴面做装饰，上面有草龙、拐子龙、凤、鸟等动物；有牡丹、莲荷、青竹、兰草等植物；有鼎、瓶和表示八仙的宝剑、竹板等器物。这些雕饰有的组成长

山西晋商住宅墙上装饰

山西晋商住宅墙上装饰

山西晋商大院砖栏杆装饰

山西晋商大院砖栏杆装饰

条的边饰，有的组成成幅画面，使这些栏杆、女儿墙成为陈列在砖墙上的砖雕艺术品。

古代房屋两端的墙称"山墙"，因为房屋门、窗多在正面和背面，占据了相当一部分墙面，所以两端墙成为房屋主要的

房屋山墙砖博风板装饰

房屋山墙砖装饰

墙面。古代工匠自然不会忘记对它们的装饰。因为房屋木结构形成了前后两面坡屋顶，所以，山墙的上部分呈三角形，在山墙上端三角形的边沿，工匠用贴面砖做出木结构屋顶两头人字形博风板的式样，在博风板的两头雕出口衔宝珠的龙头或者植物卷草纹样，在人字形顶端木结构的垂鱼处也用雕有卷草纹的面砖作装饰。

山墙正面的上端与屋顶出檐相连处称为"墀头"，墀头虽不大，但位置显著，所以也成为重要的装饰部位。常见的形式是将它们做成基座的式样，上下枋之间有的在实心上雕出福、禄、寿、喜等文字；有的用透雕雕出狮子、花草、观音等形象。小小的墀头经过工匠的砖雕装饰，与房屋正面木梁枋、木门窗上的装饰一起，将建筑打扮得十分华丽。

山西晋商的住宅规模大，每一组多为前后两进院落，第一进的大门多开设在房屋砖墙上，第二进的院门多为独立门座。这些住宅的院门在门洞之上多带有砖雕装饰的门头，用面砖贴在墙体表面组成垂柱和梁枋，上面有动物、植物和器物装饰，有的在内院门的左右两侧还各立一座小影壁，壁身上也有砖雕装饰。

影壁是一座独立的墙体，它多立于一组建筑群体的大门内外，以起到显示和遮挡视线的作用。因为它的位置正好与进出大门的人打照面，所以，又称"照壁"。它是人们进出建

房屋山墙墀头文字装饰

房屋山墙墀头动物装饰

山西晋商住宅内院墙门门头装饰

山西晋商住宅内院门

筑首先见到的景象，所以，也成了装饰的重点，成为宣扬、显示建筑主人人生理念的重要场所。在山西大院中，处处都可以见到这种影壁。影壁分为壁顶、壁身与壁座三部分，装饰集中在壁身部分。在一般的宅院门前影壁上用方形面砖平铺壁身，中央有一浮雕的"福"字，或者一幅莲荷与仙鹤，或鲤鱼跳龙门的雕刻。在较大的宅门或者祠堂门前的影壁上，雕刻也会复杂和讲究一些，一幅由松树、梅花、鹿、云彩，山石组合的

晋商住宅内院门两侧影壁

浮雕，两侧还用青竹和六角形龟背纹作边饰。有的还用高雕的狮子和透雕的山岩使装饰更加突出；还有用一块面砖一个"寿"字，上下左右拼成《百寿图》作壁身装饰的影壁，黑底金字，显出华贵之气。

砖影壁

莲荷、仙鹤影壁

鲤鱼跳龙门影壁

福字影壁

松、梅、鹿影壁

狮子影壁

百寿影壁

我们在山西大院建筑墙体上看到的由贴面砖所构成的装饰，除了增添了房屋的形象美之外，也表达了房屋主人的人生理念与情趣。建筑艺术虽然与绘画雕塑一样，同属造型艺术之一种，但是建筑的形象主要决定于它的物质功能和所用的材料与结构方式。它不能像绘画、雕塑那样可以让画家、雕塑家随意创造出所需要的形象，为了表达出某种人文内涵，只能采用一些具有特定象征内容的形象作为装饰应用在建筑上。综观我们在前面举出的，出现在墙体雕刻中的诸多动物、植物、器物等形象都具有自身特有的象征意义。龙、凤都属神兽，具有神圣、吉祥之意；狮子为百兽之王，象征着威武与力量；松、竹、梅为"岁寒三友"，属植物中高品，具有坚强不屈，不畏严寒的性格；莲荷出淤泥而不染，居下而有节；仙鹤纯洁、长寿；鹿性温驯，而且与"禄"同音，象征官禄好运；一幅莲荷与仙鹤的砖雕，象征"和（荷）合（鹤）美好"；鱼为凡物，龙为神兽，一幅鲤鱼跳龙门，象征着凡人经过努力可以跃过龙

琴棋书画砖雕

门而入仕途；鼎、香炉、花瓶、盆景皆为文人喜爱之物，将它们陈列在博古架上，表示出文人的博古通今；琴、棋、书、画表达了文人向往的生活内容，如此等等。这些形象出现在山西大院房屋上，反映出曾经显赫一时的晋商不仅善于敛财理财，还极力使自己成为有文化的儒商。

这些带雕刻装饰的砖在制作上自然比普通砖复杂，工匠必须在砖坯上首先雕刻出所需要的动物、植物、器物等形象，然后入窑烧制成砖。如果是大片的，如在影壁壁身上成幅雕

影壁面砖拼装的壁身

刻，那么需要做出与大幅装饰同等大小的泥坯，工匠在泥坯上进行形体雕塑，然后将泥坯分割成若干小块入窑烧制，待出窑后将这些小块砖按序号拼装到影壁壁身上，所以仔细观察此类大幅砖雕，可以看到小块面砖之间的接缝。

（五）琉璃砖

在泥土制成的砖坯表面涂一层特制的釉料，进窑经过长时间高温烧制而成的砖会拥有一层坚硬有光泽、带颜色的表皮，因其外观近似琉璃宝石，所以称其为琉璃砖。用不同成分的釉料涂在砖上，可以烧出不同色彩的琉璃砖，常见的有黄、绿、褐、白、蓝诸色。琉璃砖质地坚硬，表面光泽不怕日晒雨淋，色彩鲜艳而不会褪色，比普通砖更加优越，但是它制作技术复杂、成本高，所以只用在比较高级的建筑上。

北京明、清宫殿建筑群中可以见到这样的琉璃砖。紫禁城主要殿堂太和殿正面槛窗下的槛墙表面就嵌有六角龟背形的琉璃砖；紫禁城后宫三大殿下的台基四周栏杆全部用黄、绿二色琉璃砖砌造。宫城内一些重要的影壁也全部或部分用琉璃砖贴在表面作装饰。

后宫遵义门内一座影壁，壁身全为黄色琉璃砖，在四角用黄绿二色组成琉璃花卉，中心是一幅雕刻画面，绿色的水浪，荷叶莲蓬和黄色的荷花，一对白色鸳鸯游弋在水中。遵义门是

北京紫禁城太和殿槛墙

紫禁城后宫三大殿琉璃砖栏杆

紫禁城遵义门内琉璃影壁

皇帝寝宫养心殿的大门，迎门影壁上这样一幅鸳鸯戏水的装饰自然是十分合宜的。

紫禁城宁寿宫皇极门前一座大型九龙影壁更充分应用了琉璃砖的特点：九龙壁高3.5米，宽达29.4米，壁身上九条神龙飞舞腾跃于水浪和云山之间，九条龙身分别为黄、紫、白三色，绿色的水浪，蓝色的云纹，所有景物都预先在壁身泥坯上雕塑成形，分别涂上不同的釉粉，然后分割成270块小型泥坯，待烧成琉璃砖后再按序号仔细地砌装到壁身砖体上。建造于清乾隆三十六年（1771年）的九龙壁，历经二百多年的日晒雨淋，如今仍完好无损，琉璃砖表面仍然那么明亮，色彩鲜丽，显示出我国古代在琉璃砖制作和安装上的高超技艺。

除了皇家的宫殿建筑外，在一些重要寺庙前还可以见到一种琉璃牌楼。此类牌楼实际上是砖筑的，在表面安装贴面

紫禁城九龙壁

琉璃砖作为装饰，所以称琉璃牌楼。常见的是用黄、绿二色琉璃面砖组成立柱、梁枋、斗栱等仿照木牌楼的构件，贴在砖体上，琉璃牌楼的特点是造型浑厚、色彩绚丽，经久而少变化。

北京香山昭庙琉璃牌楼

北京国子监琉璃牌楼

国子监琉璃牌楼局部

少量佛塔也利用琉璃砖的优点，在砖造的塔身外表贴以琉璃砖，因而被称为琉璃塔，如北京香山静宜园和颐和园内的佛寺各有一座多层楼阁型的琉璃宝塔。它们和北京紫禁城的九龙壁一样，经历数百年沧桑岁月，依然显得华丽而多姿。

北京颐和园花承阁琉璃塔　　　　　　北京香山昭庙琉璃塔

画像砖

（一）画像砖的产生

画像砖顾名思义，即在砖的表面雕刻有画像的砖。在各地发现的原始社会早期的砖，无论是尺寸较大的空心砖还是较小的实心砖，表面都没有画像。目前发现最早的画像砖是在战国晚期的墓室中，至汉代，大量的画像砖才出现在各地的墓葬中。

在墓室中出现画像砖，与中国的厚葬制有关。中国古代的生死观认为，人的死亡只是物质身体的消亡，而灵魂仍存，只是进入另一个世界生活，人们将这一世界称为"阴间"，而现实的世界为"阳间"。阴间的生活比阳间的生活更长久，更永远，所以有"视死如生""死即永生"之说。人们希望另一世界的永生生活应该和现实生活一样美满，甚至于更加美满，而阴间生活的场所与环境就是墓室，所以在墓室中也有前室与后堂，后堂左右两侧还有耳房，布局如同生前的住房，墓室中还摆设着瓶瓶罐罐等生活用品。中国封建社会讲究以礼治国，而孝道始终是礼制中重要的内容，所以也有"以孝治天下"之说，这种孝道更加促进了厚葬制。为了对死去的长辈尽孝，要让死者穿最好的衣服，佩戴金、银、玉饰，用众多的泥俑为长者服务，用多层楼阁的明器供长者居住使用，同时也用雕刻装饰起墓室四周，营造出华丽的生活环境，这就是画像砖产生的客观基础。

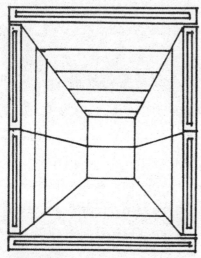

汉代墓室示意图

汉代墓室中的明器

　　秦王朝统一中国，结束了春秋战国时期五百余年的动乱，但秦朝只有短短十多年的历史，汉王朝继秦朝之后在中国实行了大统一，政治上安定，经济得到很大繁荣，厚葬之风得以进一步发展。除历代皇帝都为自己兴建宏大的陵墓之外，各王室、官吏、富人的墓室也追求华丽，所以作为地下墓室最重要的装饰，画像砖在汉代得到较普遍的使用，留存至今的特别多，这并不是偶然的现象。

（二）画像砖的制作与规格

地下墓室有大有小，单一座墓室的四周墓墙又有两侧、两顶端和墓门、门上券几个部分的区别，所以墓室墙体的画像砖也有长形、方形与楔形的区分。我国河南、山东、苏北地区是汉代画像砖最丰富的地区，在河南省发现的画像砖有多种形状和大小，如长方形空心砖的尺寸为长60—160厘米，宽16—52厘米，厚20厘米；小型砖为长43厘米，宽13厘米，厚6厘米。

大型画像砖

小型花砖

画像砖的制造就是用泥土制成砖坯，放进砖窑经过高温烧制而成，实心砖的泥坯制作比较简单，较大型的空心砖坯需用泥土做成上下左右四片，然后黏合成框，再在泥框内四角糊泥土加固，空出中心的空隙而成为空心砖坯。

为了使墓室内四周墓壁上满布雕饰，需要让每一块砖面向墓室的一面都有装饰雕刻，根据位置不同，有的在正面，有的在侧面，有的只在砖的顶头面雕出花饰。因为小型砖上只有侧面或顶头面上雕饰花纹，面积比较小，有的地方将这类砖只称"花砖"而不称画像砖，砖上的装饰都必须在泥坯上雕刻完成后再送进砖窑烧制。从雕刻技法看，最常见的是线雕，线雕又有阴线与阳线之分：阴线是用刻刀直接在泥坯上刻出画像；阳刻通常是将图像阴刻在木板上，用木板在泥坯上压印，从而使

阴刻画像砖

线条凸出于泥坯表面。还有一种是浮雕，浮雕不论深浅都用手
工在泥坯上雕刻，或者用木刻压印与手工雕刻相结合的方法完
成图像的塑造。在北方的墓室中还有一种彩画砖，是在砖的表
面或砖雕上用色彩表现图像。

阳刻画像砖

浮雕型画像砖

（三）画像砖上图像的内容与价值

作为装饰图像，画像砖所表达的内容离不开那一个时代人们的物质生活与精神生活。人们希望死者能够享受如生前一样，甚至比生前更加美好的物质生活，所以在画像砖上出现了农耕生活（如播种、收获、采莲、狩猎等）场面，手工业（如井盐、推磨、舂米等）场面，反映富人生活的车马出行、宴饮和亭台楼阁的场景。画像砖上也有大量的动植物形象，它们都是人们常见常用、与日常生活紧密相关的，如动物中的马、鹰、猪，植物中的莲、梅、树木、花草之类。

汉代画像砖：播种

汉代画像砖：车马出行

汉代画像砖：宴饮

汉代画像砖：推磨

人类早期在生活中遇到最大的灾害是自然界中雷雨、暴风、洪水之害和地震的袭击，在还不能科学地认识和防治这些灾害的情况下，很自然地产生了对天、地、山、川的畏惧心理，进而形成了对自然神仙的崇拜。人们向往着天国的神仙世界，于是在画像砖上出现了天阙之门、仙人世界、神异动物，如伏羲、女娲等形象。

　　人们遇到的另一类祸害是四周凶猛禽兽的侵扰，因此同样也产生了对一些禽兽的神化，所以在画像砖上见到青龙、白虎、朱雀、玄武（龟）这四种人们称之为"神兽"的形象，出现了双凤、三足鸟与鹿等瑞兽。随着古人物质生活与精神生活

南北朝画像砖

南北朝画像砖

的不断提高与丰富，画像砖上的图像也会有相应的反映。如魏晋南北朝时期佛教盛行，画像砖上出现了佛塔、飞天等形象。狮子在汉代自安息国传入中国后，人们将它视为威猛与武力的象征，于是狮子形象也出现在砖上。

两汉是中国古代封建社会的上升时期，汉王朝统一中国，经济、文化都得到了很大发展。留存的文献对当时的物质和精神生活多有描述，但由于时代久远，能留存至今的实物十分稀少，甚至最具有条件留存的建筑也是如此。当年在都城咸阳建造的庞大宫殿建筑群早已荡然无存，宏大的帝王陵墓只留下一座座巨大的土堆；讲究的坟墓只能看见孤零零的墓前石阙。恰恰是在这些汉代画像砖上，我们看见了当时一些建筑的形象。这里有平屋，也有双层楼阁，还有双阙连成的阙门；建筑屋顶有单檐也有重檐的四面坡，屋檐下用斗栱支撑。汉代人们的生活场面当然不可能再现，但在画像砖上可以见到当时的农夫在田间耕作和狩猎的场景，看见农夫手中的锄头、镰刀和弓箭。

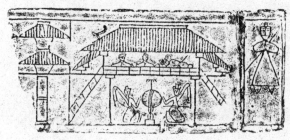

建筑形象画像砖

在一幅盐井的画像中，不但能见到盐工从地下取盐水制盐的过程，还能看到盐井上的木架、滑轮和吊绳。在多幅表现舞乐的画像中不仅看到当时的乐舞场面，乐伎的舞姿，而且也认识了古代的乐器——长琴和圆鼓。画像砖可以称得上是一幅历史的画卷，它记录和展示了两千年前社会的政治、经济和文化。

盐场画像砖

乐舞画像砖

（四）画像砖图像的艺术表现

在这里我们以汉代画像砖为例，它所表现的图像在艺术上是颇具特点的。图像艺术表现的第一个特点是图像总体构图的随意性：在大型空心砖的表面用小块的，刻有人物、动物、几何纹的木模压印在砖坯上，上下左右密布于砖面，它表现的不是一幅完整有情节的画面，只是由重复的多种花纹组合成的一种装

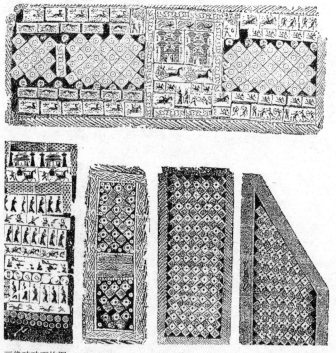

画像砖砖面构图

饰。其中有的只用一种几何纹组成一整幅画面，四周加一圈边饰，有如一幅印花布；有的分别用人物、动物、几何纹样有秩序或无规律地排列在砖面上，形成一种比单种花纹更为丰富的装饰。在这里，整幅画面构图十分自由。

还有一种雕砖是雕刻出一幅有情节的画面，简单者如二人对刺、斗鸡、三人乐舞等，人物少，构图简单；复杂者有建筑组合的庭院、水中采莲图等。值得注意的是，这些画面上的景物不是按照严格的透视效果表现的，往往是单体景物的上下排列。

在西方古典油画作品中，无论是表现农村田野农舍、宫室庭园，甚至是一幅人物众多、刀光剑影的战争场面，遵循的都是严格的透视表现法，景物的远近大小，相互关系都符合人眼所见的真实状况。但汉代的画像砖却非如此。一幅建筑庭院把院门、游廊、楼阁、树木、禽鸟都以立面的形式上下组合在一起，这样的画面实际上是见不到的。一幅采莲图也把采莲的船、人、水中的荷叶、莲蓬、游鱼上下排列在一起，而且把游鱼画得和采莲船一般大小。这样的构图不顾客观的实景，带有很大的随意性，但它们依然表现出了建筑庭院和采莲的情景，甚至比那种严格透视学的表现法更为真切和突出。

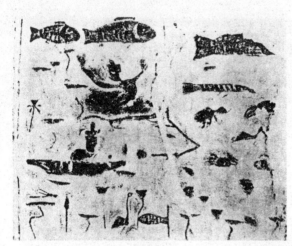

画像砖画面：采莲

　　图像艺术表现的第二个特点是个体形象表现上的神态写意性。砖面上的形象大多用线刻或浅浮雕表现，所以基本上是以二维空间的平面表现三维空间，它不可能像绘画、雕塑那样有细节的表现，所以无论是人物、动物都十分注意表现出它们特有的神态。一幅刺虎图，人与虎只用黑与白的剪影来表现，但人物那种用力刺虎和老虎昂首张口应对的神态却栩栩如生；"奔逐"图中的飞龙，简单的几根线条就表现出神龙腾空而去的神态；"斗鸡"中突出地刻出几根挺起的鸡尾就表现出了两只雄鸡在对斗中的发力。在人物的表现中，更加注意他们的神态："鼓舞"中的双人击鼓，人物的头和躯体并不符合真实的人体比例，却表现出了双人鼓舞的生动舞姿；"乐舞"中的乐伎只有粗犷的人体剪影，但飘动的长袖却表现出了具有动态的翩翩舞姿。中国各代艺术中"不求形似，但求神似"的传统风格在画像砖上也表现得很充分。

图像艺术表现的第三个特点是追求生活的艺术化。如果说在鼓舞、乐舞中的人物必然具有舞蹈的艺术形象，但在农耕劳动中的人物形象，在画像砖中也被艺术化了。在"播种"图中，一排手持农具的农夫在田间劳动，他们弯着腰，双手高举农具，动作整齐，仿佛是在舞台上作农耕劳动的表演；在另一幅"采莲"的画面上，一位坐在小船上的采莲女昂首挺胸，双手高举，哪里像是在采莲，简直是在船上起舞。现实中的农耕与采莲当然都是辛苦的农活，这种把普通劳动中的百姓作出艺术化的处理，只是反映了墓主人和工匠对美好生活的追求与向往。

画像砖画面：刺虎

画像砖画面：射鸟

画像砖画面：鼓舞　　　　　　　　　　画像砖画面：乐舞

画像砖画面：对刺　　　　　　　　　　画像砖画面：斗鸡

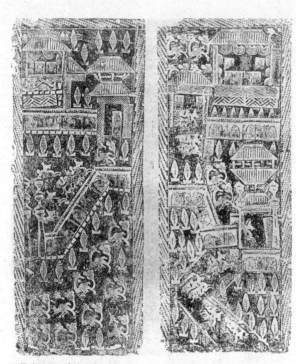

画像砖画面：建筑庭院

（五）辽金时期地下墓室的画像砖

汉代墓中的大型画像砖由于制作工艺复杂，到隋、唐时期的墓室中几乎见不到了。历史发展到宋代，由于手工业和商品经济的发展，城乡一批商贾和地主的财富大增，所以除封建帝王与王室、皇族有条件建造豪华的墓室之外，这些富商、地主也建起自己的墓室。考古学家在各地陆续发掘出一批辽金时期的民间墓葬，在这些墓葬中出现了另一类型的画像砖。

　　山西汾阳M5号金代墓室是一座单室墓，墓室是由四长边与四短边组成的八边形，长边对边距离只有3米，就在这不大的墓室四周，全部由砖雕包围，表现出墓主人的住宅建筑和其间的生活。例如正对墓室的一面，雕的是住宅正方一开间，两根立柱之间安四扇格扇门，中央两扇打开，墓主夫妇二人端坐在太师椅上，桌上铺着花台布，摆有两只茶碗，台基上开有狗洞，一只家犬正坐着休息。在正面两侧的八角短边上，一边是板门，一侍女手执水壶停立在门缝间准备给主人送水，一边

山西汾阳 M5 号金代墓室图（立面 1）

是两扇格扇，一位妇女足依门槛半遮身，整幅画面充满了生活气息。另一面中央是木架上搭着一条长巾，架前小凳子上一只家猫在休息。墓壁四周所表现的建筑都是写实的、传统木结构的框架：立柱上架着梁枋，柱间安格扇，有的梁下还装饰着挂落；梁枋上都雕有彩画，格扇也分为格心、裙板和绦环板各部分，格心上满布斜方、菱形、龟背纹等纹饰，连裙板和绦环板上都雕出如意、卷草之美的装饰，十分细致逼真。

另一座建于金明昌七年（1196年）的山西侯马董海墓，主墓室四方形，对边之距只有2米，但就在这斗室之中，墓室四壁仍用满堂砖雕表现出墓主人的生活场景。正面表现的是两柱间

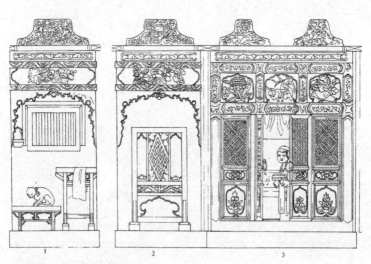

山西汾阳 M5 号金代墓室图（立面 2）

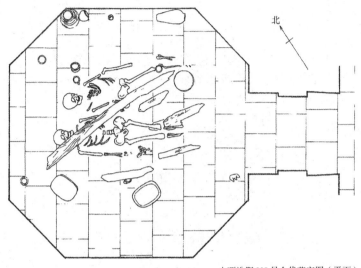

北

山西汾阳 M5 号金代墓室图（平面）

各安格扇，男女主人坐在太师椅上饮茶，中央几桌上有茶具，主人身后各有侍男侍女站立侍候，两柱之间挂着卷起的竹帘，其下还挂有八角灯笼和悬鱼之类的装饰。在另一面墓壁上，两柱之间梁枋之下有垂柱、挂落；柱间六扇格扇，在它们的格心部分都雕出三种不同的花饰格纹。在这座小墓室的顶部，用斗栱和砖叠涩层层挑出的中央藻井部分也满布砖雕装饰。

辽金时代墓室中的砖雕装饰与汉代墓中的画像砖又大不相同，后者只是在砖的表面刻画出各种形象，而前者是用砖雕

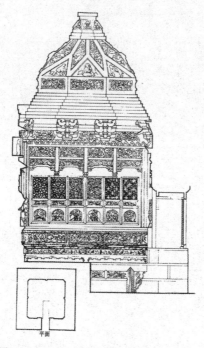

平面

山西侯马董海墓室图

组装成翔实的墓主人生前的生活环境。由于古人相信"视死如生"和"死者永生"的生死观，所以将死者，尤其是将长辈的地下墓室多建造得有些理想化，但这种理想化的环境终究离开不了现实环境的模式，人们总是依据现实的住所去营造死者"永生"的宅第。可以说，这些地下墓室向我们展示了宋、辽、金时代的建筑实景。

由于中国古代建筑以木结构为构架，经不起风雨、虫害的侵蚀，很容易遭到损坏，所以宋代地面建筑留存至今的已经很少了，除了文献描述的和绘画中所描绘的，如《清明上河图》中表现的宋代建筑之外，还有一部宋朝廷颁发的《营造法式》记录了当时建筑的形式与制度，但是人们能见到的宋、辽、金时代的真实建筑并不多，尤其是像住宅这类普通房屋，几乎无一留存。现在恰恰是这些地下墓室为我们保留下一幅幅住房建筑的真实画面，尽管只是用砖雕表现出的一层建筑表面，但是它对于研究那一时代的建筑仍具有重要的历史和艺术价值。

地面砖

　　人们使用的建筑空间都是由上面的屋顶、四周的墙体和下面的地面围合而成的，陕西西安半坡村发现的、距今六七千年前的人类早期居住的半穴居，尽管只有一部分露在地面以上，但也是由这三部分组成的。在这三部分中，屋顶和墙体都需要用树枝、树叶、茅草、泥土等材料堆筑，而地面相对比较简单，不需要别的材料，将土地填平就可以了。从河南汤阴县发现的原始社会时期的白营遗址，即能看到房屋的地面采用夯筑的做法。从夯窝上看，当时的夯土工具可能是卵石或木棍，经过夯实的地面坚硬结实。直至秦代，有的建筑仍采用这种土地面，只是不简单地用夯实的做法了。

　　在陕西咸阳秦代宫殿的遗址上可以见到比较讲究的土地面做法：先在夯实的土上铺厚10—15厘米的沙石，再覆盖10厘

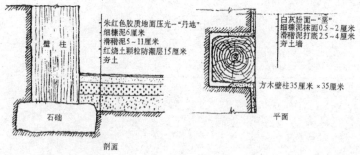

朱红色胶质地面压光—"丹地"
细稼泥6厘米
滑稼泥5～11厘米
红烧土颗粒防潮层15厘米
夯土

壁柱

石础

剖面

白灰粉面—"垩"
细稼泥抹面0.5～2厘米
滑稼泥打底2.5～4厘米
夯土墙

方木壁柱35厘米×35厘米

平面

陕西咸阳秦代宫殿地面做法

米的粗草拌泥，再抹一层1—2厘米的碎草拌泥，再仔细夯实抹平和打磨平整。也有的是在夯土面上铺15厘米红烧土颗粒防潮层，上抹5—11厘米的滑秸泥，再抹6厘米的细糠泥，最上面涂抹红胶质并压光。这些做法当然比早期简单的夯实地面防潮功能大大加强，使生活质量提高。

（一）砖铺地面

单纯用土筑地面自然没有以砖铺地的质量好，在陕西岐山县凤雏周代遗址中即发现用陶砖铺地的做法。铺地砖多为正

周代地面砖

方形，大小为30×30厘米，厚3厘米，也有呈矩形的。值得注意的是，这些砖的表面多有简单的花纹，如斜方格、菱形、卷云、回纹等。在前面说到的以多层夯土筑造地面的秦代宫殿遗址上有一处浴室，该室的地面也在夯土面上垫以32厘米厚的沙土，沙土上铺有素面不带纹饰的方砖，很明显，这是由于浴室多水，出于防水的功能需要而用了砖铺地面。从国内已发掘的多处房屋遗址中可以见到专门用作铺地的方砖，表面多带有纹饰，说明秦代建筑的地面已经有土筑和铺砖两种做法，古人从实践中应该已经认识到，砖地面的质量比起土筑地面既坚实又防潮。

各地的考古发掘资料显示，到汉代，建筑用砖铺地已经比较普遍了。砖筑的汉墓，用较大尺寸的空心砖作墓顶和墓室四壁，同时也用这类砖铺地，只是顶和墙的空心砖表面都刻有各种纹饰，而地面砖没有花纹，保持素面。在砖墓中也有用小砖拼砌地面的。在较大的汉墓中，主墓室地面用大型空心砖，而在两侧小墓室则用小条砖铺地。在实践中工匠还创造了多种铺砌的形式，有的将砖的大面朝上，一行紧挨一行错缝相列；有的用横向排列和纵向排列相间铺砌；有的横竖交错排列。也有的将砖侧面向上，其中有简单排列成行的，有横竖相间的，有组成人字斜纹的。侧面向上的做法由于砖面层比正面向上的厚，所以相对比较结实。

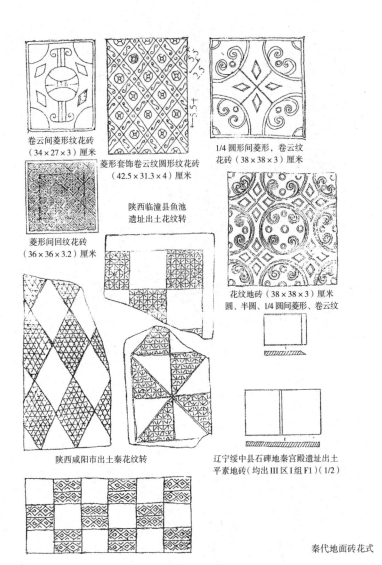

卷云间菱形纹花砖
（34×27×3）厘米

菱形套饰卷云纹圆形纹花砖
（42.5×31.3×4）厘米

1/4 圆形间菱形，卷云纹
花砖（38×38×3）厘米

菱形间回纹花砖
（36×36×3.2）厘米

陕西临潼县鱼池
遗址出土花纹转

花纹地砖（38×38×3）厘米
圆、半圆、1/4 圆间菱形、卷云纹

陕西咸阳市出土秦花纹转

辽宁绥中县石碑地秦宫殿遗址出土
平素地砖（均出Ⅲ区Ⅰ组F1）（1/2）

秦代地面砖花式

汉地砖(四神)

汉花纹砖(山东曲阜西大庄)

陕西韩城芝川汉扶
荔宫遗址出土

汉花纹地砖(山东临淄市城关石佛堂出土)

内蒙古保尔浩特古城汉代陶砖

湖北宜城县"楚皇城"
出土汉代花纹砖

汉华仓遗址出土方砖

汉代地面砖花式

江西南昌市南郊汉墓

在陕西、山东、湖北、内蒙古各地的汉代建筑遗址中都发现了方形的、表面有花纹的地面砖。秦代二世而亡，只有十多年的历史。所以在这里我们将秦、汉两代王朝作为一个时期来考察它们的地面砖，这些砖的表面装饰纹样有些什么特点呢？前面已经介绍过，汉墓中画像砖上的一些装饰内容，有人物、动物、植物，也有山水、房屋，以及由这些形象组成的生产和生活场景。从表示的内容和所需要的雕刻技艺来讲，它们同样可以表现在地面砖上，但值得注意的是，各地已发现的地面砖上并没有这么丰富的内容，绝大多数为各种几何纹样的组合。如正方格、斜方格、菱形回纹与长形回纹的组合，圆形与"S"形纹的组合等。推测其原因可能是出于观赏角度的考虑，因为竖向的墙面与人的视线贴近，便于观赏；而地面位于脚下，又经不住反复踩踏，容易损坏，不便观赏。在汉代的地面砖中，也有在表面雕刻出龙、凤、虎、龟四种神兽的，现今留存的汉代屋顶瓦上也有四神兽瓦当，根据古代四神兽在社会上的地位，这样的瓦和地面砖想必是当时帝王宫殿上的专用构件。

　　唐朝是中国封建社会的鼎盛时期，当时全国政治统一，经济得到很大发展，国力强盛，各地都进行了大规模建设，尤其在都城长安，修建了规模巨大的太极宫、大明宫等宫殿建筑群。尽管这些宫殿如今都荡然无存，但经过考古发掘，仍可以见到一些当时建筑的基础，其中也包括它们的室内外地面构造。据《含元殿赋》记载，当时长安大明宫的殿堂地面为前殿"彤墀"（红色），后宫为"玄墀"（黑色）。在考古发掘中，这些殿堂的地面有铺石与铺砖两种做法。在主要大殿麟德殿内，主要通道为铺石地面，次要的开间内则用方砖铺地。砖呈黑色，素面无雕饰，50厘米见方，但记载中的红色地面"彤墀"不知是石是砖，未见实物。

唐代地面砖

甘肃敦煌石窟唐代壁画中的花砖地面复原图

宫殿的室外地面多见带有纹饰的花砖，尤其在登台基的慢坡道上，如大明宫三清殿台基慢道上满铺带有海兽葡萄纹的方砖；长安骊山华清宫汤池大殿的慢道上用莲花纹方砖铺设。这些花砖除了有装饰作用外，还起到上下坡道时防滑的作用。除了宫殿内，在甘肃敦煌唐代窟中也可以见到这类铺地的花砖，例如第148窟的唐代壁画中，所绘廊道内就是用花砖铺地；在第45窟内更可以见到真正的花砖铺地。在所见唐代的铺地砖面上，多用各式莲花瓣作装饰，这可能与当时佛教盛行有关系。

宋朝（包括辽、金时期）留存至今的地面建筑为数不多，大多数均属佛寺类的宗教建筑，在这些庙堂内，地面多用素面方砖铺设，未见有用花砖者。宋代朝廷颁行的《营造法式》记载了当时官式建筑的形式与制度，在与用砖相关的部分里，只规定了铺地方砖的尺寸，根据殿阁大小而定，分方二尺厚三寸、方一尺七寸厚二寸八分、方一尺五寸厚二寸七分三种等级，方一尺三寸厚二寸五分的用于厅堂，方一尺二寸厚二寸的用于廊道、小亭榭等处，并说明在厅堂、亭榭、廊道的地面亦可用长方形的条砖铺设，至于这些铺地方砖有无纹饰，则没有说明。但在有关制作各类构件所需用工的规定中，关于用砖特别有一项做"地面斗八"的用工量。"斗八"是指室内天花藻井的一种做法，藻井由多层斗栱和梁枋组成，层层上挑，最上部分呈八角形，故称"斗八"。藻井作为屋顶天花的重点装饰，多位于天花的中心部位，由此推论，地面上的"斗八"似乎也应该是放在室内地面中心部位的花砖装饰，但实物至今尚未见到。

建筑的室内空间由屋顶、四周墙壁和地面围合而成，为了增添建筑艺术的表现力，尤其对于那些重要的古代皇家宫殿、陵堂、寺庙而言，更重视建筑室内的装饰，于是在屋顶上出现了"井"字形的天花和藻井，在墙壁上出现了寺庙中的壁画，墓室中有画像石与画像砖，在地面上出现了花砖铺地。对于人的视觉而言，也就是从这几部的装饰效果看，抬头望天花，低首看地面和环顾四壁，三者相比，以环顾四壁最明显，抬头望天花次之，低首看地面更次之，而且地面经不住行人的反复踩踏，极易损坏，不容易长久地保持完整的艺术形象。也许正是这些原因，用花砖装饰地面的做法没有能长久地保持下来，到宋朝已经只用"地面斗八"来重点装饰了。到明、清时期，从皇帝的宫殿、陵墓，到各类寺庙、坛庙、园林、府第，都见不到这种花砖铺地了。

（二）明、清时期的铺地金砖

明成祖永乐皇帝将都城由南方的建康（今南京）迁往北方大都（北京），在元朝宫城的基础上重新建筑紫禁城。在建筑庞大的宫殿群体时需要大量的木材，以木结构为构架的中国古代建筑，从立柱、梁枋到屋顶部分的檩木、椽木、墙

北京紫禁城宫殿金砖地面

紫禁城宫殿普通砖地面

紫禁城庭院砖地面

上的门和窗全部用木料制成。而紫禁城四周的高大宫墙、数百幢大小殿堂的墙壁、地面和宫内庭院的地坪都是由砖砌铺的。据统计，建筑紫禁城共用了八千万块砖，其中质量要求最高的砖是用作重要宫殿室内的铺地砖，这就是既坚实又明亮平整的"金砖"。

金砖比一般砖材在制作上更为复杂和严格，从选择泥土到制坯、烧窑都有一整套规定的程序。据记载，从最初的选用泥土到最后烧成砖材前后共有六道工序。

① 取土：高质量的砖需要高质量的泥土作原料。制作金砖的土专门取自江苏苏州城外陆墓，因为这里的土质坚硬细腻，富有黏性，抗压缩和抗透水性都很强。由有经验的师傅到现场查看定点，从距地表3—5尺深处取出生土，工匠称为"起泥"。将取出之生土运至制砖场地，露天堆放约半年，经日晒、雨淋一段时间，在阳光下晒至干透；再经粗碓、中舂、细磨，使泥土成为细粉，用筛子筛去泥中砂石，才得到合格的泥土。工匠将它们总结为：掘、运、晒、推、舂、磨、筛七道工序。这样的泥土颗粒细，凝而不散。

② 制坯：将准备好合格的泥土放入特制的水池中，注入清水反复搅拌，使之成为泥浆，经过多次过滤并在池中沉淀后取出，即为制砖的泥，这样的泥颗粒细，比重大，制出的砖重而坚实。用木板按要求尺寸围合成框，将和好的泥填入模板中，

上面盖以平板，工匠立于板上，用足研转，使砖泥紧密充实于模板之内。取下盖板后，工匠再用一种称为"铁线弓"的工具将砖坯表面修平整，并用石轮打光滑后脱模成砖坯。由于这样的泥坯收缩性大，如果干燥脱水太快则容易内外收缩不均而产生裂缝和变形，所以制成的砖坯需要在背阴的场地进行阴干，时间约需要八个月，之后才能进窑烧制。

③ 烧窑：烧窑在制砖过程中是十分关键的一道工序，因为柔性的泥坯只有经过烧窑才能变为刚性的砖材。将制成的规格化的砖坯整齐地排列入窑内，使其均匀受热。烧窑的第一步是用糠草熏烧一个月，温度不高（约110℃），为的是使砖坯内所含水分逐渐挥发，以免骤然高温而发生裂缝或变形。之后换片柴燃烧一个月，整棵柴烧一个月，此时温度提升至350—850℃，最后换松枝柴烧40天，使窑内温度达到900℃以上。这样变换各种燃料进行长达130天的烧制，使温度逐步、缓慢地升高，其目的是使泥坯内的矿物质分解，颗粒物得以熔化，泥中孔隙得到填实从而使泥坯体变得实心密实坚硬，强度增大，最后被烧结成为刚性的砖材。

④ 出窑：经过100多天的烧制，砖材终于可以出窑了。但出窑之前必须使高温下的砖材冷却。冷却之法是将窑顶打开，从窑顶用水慢慢渗入窑内，使水化为蒸汽，逐渐使砖窑降温，这一道工序匠人称为"窨水"，需要四五天的时间。窨水之后

才能用人工将烧成的砖一块块运出砖窑。

⑤ 打磨：出窑的砖要经过逐块检验，必须外形平整，无缺角损边与斑驳，敲之有声，并抽查少数砖，将它们断开视其内部有无孔隙、洞穴。如发现有一定数量的砖不合格者，则这一次烧出的砖均告作废。外表合格的砖还需人工打磨，边磨边冲水，使表面平滑如镜。

⑥ 泡油：最后将砖用桐油浸泡，使油渗入砖中，一方面使砖面更加油亮，同时也能使砖材更坚实。

从取土到验收完成共经过六道工序，耗时一年有余，因为这样的铺地砖平整坚实有光泽，敲之有金属之声，故称"金砖"；也有说法是因为砖材工艺复杂，贵重如黄金，所以称作"金砖"。

这些金砖从苏州装船，由专人护送，自运河运至京城专供铺设宫殿室内地面。在铺设之前工匠对金砖还需进行检查，然后在宫殿地面上抄平土地，铺上泥层，用弹线定出砖位，逐块铺设，各砖块之间必须严丝合缝，待一室地面铺设完成后再用生桐油在砖面上浸擦。我们今日在北京紫禁城太和、中和、保和三大殿及乾清宫等主要殿堂中看到的就是这种御用的金砖铺地。

（三）园林的砖铺地

中国古代园林属自然山水式园林，造园者善于用山、水、建筑、植物组成富有自然之趣的环境，使人们能够在里面得到休息和思想上的陶冶，所以在园林，尤其在私家园林中多追求一种清寂而淡泊的意境。现在我们观察这些园林的室外地面，和宫殿、陵墓等建筑的室外庭院一样，多采用砖材铺地，但它往往表现出一种独特的形态：在园林里，工匠不但用整齐的条砖，而且也善于用破损的、不完整的碎砖铺设地面。在造园工程中，不但建造亭、台、楼阁等房屋，而且还要挖水池、堆假

南方园林铺地

南方园林铺地

山、种植花木，为了运送材料和现场操作的方便，工匠多把铺
设室外路面这一项工程放在最后，这样一方面可以避免路面在
施工过程中遭到损坏，同时也可以将建房、堆山过程中剩下的
碎砖、破瓦、烂石等应用在最后的铺地上。

　　如今我们在苏州、扬州等地的私家园林中可以见到这种地
面。它们有的是用砖、石、瓦片共同组成的花纹；也有的完全
用大小不均的条砖组合成地面；青灰色的砖，一阵春雨过后，
砖缝中长出丝丝青草，使园林充满生机，它们与北京紫禁城太
和殿广场的大砖铺地具有完全不同的情趣。

瓦

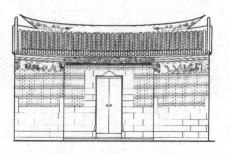

瓦的起源

中国古代原始社会时期的人们以穴居和巢居为自己的住屋，这些住屋都是用树枝、树叶、茅草搭筑屋顶以防雨雪的，这就是"茅茨土阶"的时代。但是这些屋顶阻挡风雨的功能毕竟有限，所以人们很早就希望有比茅草更好的材料来筑造屋顶。

在中国，早在五六千年以前的新石器时期，人们就能用火将土炼制成各种陶器，从而使生活质量提高了一大步，烧制砖瓦与烧制生活用陶器在所用材料和烧制工艺上相同或相通，所以从生活所需和技术条件两方面来说，砖瓦的出现与陶器的出现理应在同一时期。但是迄今为止，我们能见到最早的瓦隶属

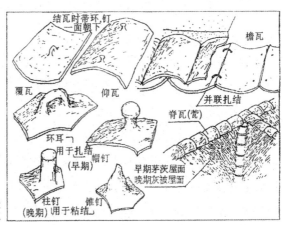

陕西岐山凤雏村遗址：西周时期屋瓦

于4000多年以前的龙山文化时期，即考古学家在陕西宝鸡市桥镇遗址上发现的筒瓦与板瓦。在陕西岐山县凤雏村西周时期（距今3000年）的建筑遗址上见到的瓦，大小尺寸为长55—58厘米，大头宽36—41厘米，矢高19—21厘米；小头宽27—28厘米，矢高14—15厘米；瓦厚1.5—1.8厘米。这样一头大一头小的瓦便于前后相叠相连。当时这些瓦只用在屋顶的屋脊和天沟等处，后来发展到屋顶的檐口部位，还没有满铺屋顶，但已经改善了屋顶的防水功能。

陕西扶风县召陈遗址使我们明白，大约在西周中期（2000年前），陶瓦才用在整个屋面上，使人们脱离了"茅茨土阶"的时代。这时的瓦尺寸已经减小，小型筒瓦长约23厘米，其大头宽13厘米，小头宽11.5厘米，高6.5厘米，厚0.8厘米。这时在檐口部位的筒瓦已附有半圆形的瓦当，在铺设方法上，已由用绳扎结而改为用泥在屋顶上满铺一薄层，称"苫背"，再在泥上铺瓦，这种做法可使瓦与屋顶面结合得更坚实。

春秋战国时期，各地诸侯王国纷纷建造王宫，建筑技术得到发展，这时期的筒瓦使用更加广泛。在河北易县燕下都出土的陶瓦不仅在瓦当头上有了花纹装饰，而且表面也刻有雷纹、蝉纹等纹样，这可能是当时燕下都宫殿建筑上的用瓦。在屋面上铺瓦目的是保护房屋不受雨、雪浸透，为了便于排水，瓦的表面当以光滑为宜，但在这里却在瓦背上刻出花纹，瓦背

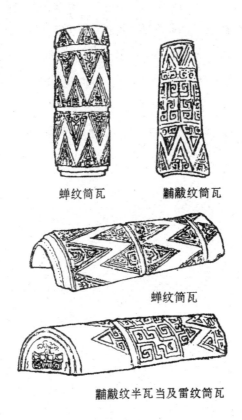

蝉纹筒瓦　　　　朇貅纹筒瓦

蝉纹筒瓦

朇貅纹半瓦当及雷纹筒瓦

河北易县燕下都出土陶瓦

仰天，高高在上，站在屋下的人无法见到，所以它的装饰作用
也无从发挥。这种装饰在后代的瓦上就见不到了。秦朝统一全
国，在都城咸阳大造宫室，如今宫室无存，只留下众多瓦当、

瓦片，其中有长56厘米、宽42厘米（小头宽39厘米）、厚1.4厘米的板瓦，筒瓦的瓦当由半圆形发展至圆形，其中有一种马蹄形瓦当用以遮护木椽子头，尺寸大，通长达66厘米，高37—48厘米，厚2.5厘米，瓦当的直径有达52—61厘米者。从这些大尺寸的瓦也可推测出当年秦朝宫殿形体的宏大与威严。

瓦当文化

　　中国古代建筑自从采用陶瓦铺设屋顶后，凡是较大的房屋顶上都用筒瓦和板瓦两种瓦，筒瓦呈半圆弧形，板瓦呈曲线形，铺设时板瓦在下，凹面朝上，一块接着一块，由屋檐至屋脊成行铺设；纵向的两行板瓦之间稍留空隙；筒瓦弧面朝上，扣在两行板瓦之间，也是一块接着一块，由下至上，从而完成了整座屋顶的瓦面铺设。处于屋顶檐口的筒瓦为了遮挡住屋面下的木椽子头，在前端连着一个瓦头，与筒瓦略呈垂直关系，这种瓦头最初呈半圆形，后来发展为整圆形。由于它们位于屋顶的檐口，人们站在房屋前一抬头就能看见，所以逐渐成了装饰的部位。

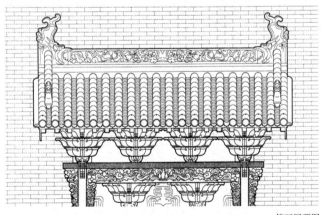

筒瓦屋顶图

从大量出土的瓦当上可以看到，周代的瓦当上已经开始出现了花纹，其中有饕餮纹、树形纹、卷云纹，也有带文字的。在陕西临潼秦始皇陵出土的瓦当上以云纹与葵花纹为多。两汉时期的瓦当纹样发展得更为丰富，文字的、动物的、植物的、云纹的都有见到。原来瓦当是处于檐口部位的筒瓦的专有名称，后来由于瓦当头的装饰日益受到重视，所以把瓦当顶端的垂直瓦头部分称为"瓦当"。下面我们将从瓦当的装饰内容和瓦当的价值两方面进行介绍。

周代瓦当

秦代瓦当

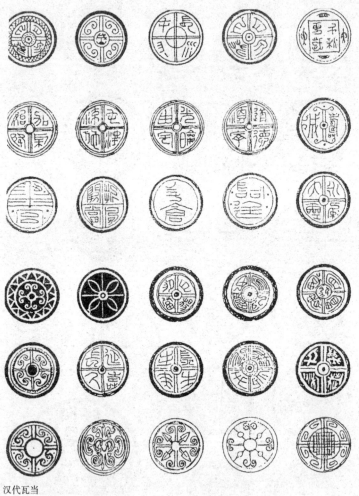

汉代瓦当

（一）瓦当的装饰内容

从早期的，尤其以秦、汉两朝为主的遗存瓦当上看，它们的装饰大体可以分为以文字为主和以图像为主的两类，前者可以称"字当"，后者称"画当"。

以文字表达的内容区分，"字当"可以分为建筑名称、吉祥语和记事等几类。筒瓦都用在建筑上，所以在瓦当上刻印建筑的名称是当时常见的现象，如"上林""甘林""建章"等，这些都是汉朝都城著名的王朝宫殿名称。也有刻记某一官署、墓、祠庙名称的，如"都司空瓦""万家冢""西庙"等。吉祥语是用简练的文字表达出主人的美好心愿，所以被广

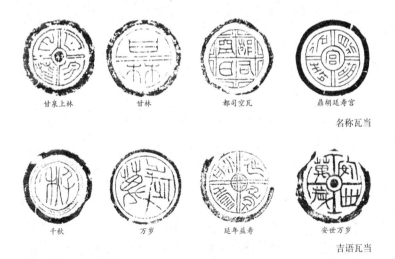

甘泉上林　　甘林　　都司空瓦　　鼎胡延寿宫

名称瓦当

千秋　　万岁　　延年益寿　　安世万岁

吉语瓦当

泛地应用在各地各种民俗活动中，在建筑装饰中也常见到。

例如，住宅大门门框上的门簪，两颗门簪上刻写"吉祥"二字，四颗门簪上刻写"万事如意"四字；贴在门上的门联和挂在柱子上的楹联上也能见到这类吉祥语。如今在瓦当上更常见到，两字的如"千秋""万岁""万世""大吉"，四字的如"富贵万岁""大宜子孙""与天无极"等。也有文字较多

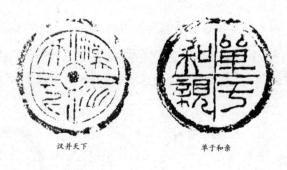

汉并天下　　　　　　　　单于和亲

记事瓦当

的，如"千秋万岁富贵""长乐毋极常安居"。现发现字数最多的为12字，如"天地相方与民世世永安中正""维天降灵延元万年天下康宁"。记事类瓦当由于面积很小，只能记下一个时期的重大事件，如"单于和亲""汉并天下"等。除上述三种类型外，也发现有一些特殊的，如刻有"盗瓦者死"的瓦当，这应属工匠的一种即兴创作，当不会成片用在屋顶上。

"画当"即在瓦头上刻有各种画像的瓦当，它们在早期瓦当中占有相当大的比例。从画像的内容上看，动物、植物、云纹、绳纹的都能见到，其中以动物居多。战国时期青铜器上常见的饕餮纹在同时期的瓦当上也能见到——饕餮，大鼻居中，双目圆睁，头上有双角，似牛又似虎，面目狰狞，它并非自然界的兽类，而是人类创造的一种神兽，象征着当时多国之间相互争斗、相互残杀的野蛮时代。饕餮的怪异形象具有一种狞厉的美，可能是原始人类的一种图腾，具有神圣的意义，如今出现在小小的瓦当上。这一方面说明任何装饰的内容总离不开那一时代人们的物质生活与精神世界，同时也意味着瓦当装饰在当时所处的地位。

　　中国传统中的四神兽青龙、白虎、朱雀、玄武也在汉朝的瓦当上出现。龙与饕餮一样，是人们创造的一种神兽，它的形象是由多种动物形象综合而成的，头似驼，身似蛇，耳似牛，眼似虾，足似凤趾，鳞似鱼，能升天，能入海，呼风唤雨，神

饕餮纹瓦当

通广大，很早就成为中华民族的图腾标志。自汉朝之后，龙又成了封建皇帝的象征，更具有神圣的意义，位居四神兽之首。

虎为自然界兽类，性凶猛，俗称兽中之王，虎的形象很早就在画像砖和画像石上出现。正因为它的威猛，所以古代以它的形象做成"虎符"。作为国家兵权的象征物，将士出征打仗，皇帝把虎符授予将军即代表授以兵权，可以自主调兵遣将。在民间更以老虎作为力量的象征，如将英勇作战的将士

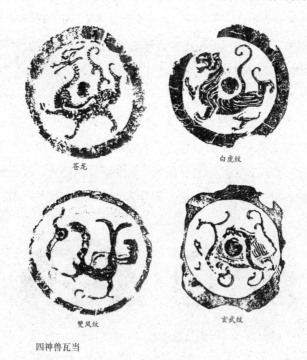

苍龙　　　　白虎纹

双凤纹　　　　玄武纹

四神兽瓦当

称为"虎将";"虎娃""虎妞"成为孩儿的爱称;"虎头虎脑"成了少年身心强健的形容词;在农村当小孩尚未出生时就在卧室内挂虎符,出生后要戴虎头帽,穿虎头鞋,枕虎形枕,身围绣有老虎的兜布,并用陶土、布、纸、竹、木做成各种虎形玩具。于是在中华大地上形成一种特有的"虎文化"。

朱雀为鸟类,是一种神鸟,在汉朝的画像砖、画像石上可以见到朱雀的形象,长尾宽翼,或站立,或飞翔,颇具神态,自古以来具有神圣、吉祥的象征意义。

玄武即龟,为水生动物,故又称"水龟"。龟背有硬甲,当受到外力侵犯时,能将头和四足及时缩进龟甲内以行自卫。龟甲质硬而能负重,所以中国古代传说中,龙生九子,其一为龟形,常用来作为石碑之底座,称"赑屃"。古时也将龟甲作占卜用。龟在兽类中属长寿者,传说能活数十年至百年,所以古人将长寿老人称"龟龄""龟寿"。在建筑墙体、影壁、门窗上常见用龟背甲上的六边形纹样作装饰。《玄中记》云:"龟千年生毛,寿五千年谓之神龟,万年谓灵龟。"龟活千年、万年当然只是人们的一种带有浪漫色彩的愿望,但这种传说却使这普通的水兽变成了神兽和灵兽。

龙、虎、朱雀、龟这四种相互之间本没有联系的兽类怎么会成为"四神兽"呢?这和中国古人对世界的认识有关。古人观察和认识自然的客观世界离不开"阴阳五行"学说。所谓

"阴阳"是指世界万物皆分阴阳，天为阳，地为阴；日为阳，月为阴，昼夜、男女、数字中的单数与双数，方位中的上下、前后都分属阳和阴，并认为阴阳之间既相互对立又相互依存。所谓"五行"是指构成天下各种物质的有五种基本元素，即水、火、木、金、土；同时把空间的方位也分为东、西、南、北、中；色彩中也以青、黄、赤、白、黑为五种原色；声音中也有宫、商、角、徵、羽五个音阶的区别。

古人又将五种元素与五方位、五原色、五音阶组成相互之间有规律的对应关系，如木与东方、青色相对应；火与南方、赤色相对应等等。这是古人观察地上人间所得到的认识，随着古代天文学的发展，古人更把天体中能观察到的星座也分作东、西、南、北、中五个部分，称为"五官"。据观测，其中东方星座呈龙形，并与五色中的青色相对应，故称"青龙"；西方星座呈虎形，与五色中的白色对应，故称"白虎"；南方星座呈鸟形，与五色中的赤色（朱色）对应，故称"朱雀"；北方星座呈龟形，与五色中的黑色（玄色）对应，因为龟又称"武"，故称"玄武"。这样的结果，使青龙、白虎、朱雀、玄武不但成为天上四方星座的名称，又成了地上四个方位的象征与标记，即左（东）青龙，右（西）白虎，前（南）朱雀，后（北）玄武。它们被组合成为四神兽，其形象被用在瓦当上，成为王朝宫殿屋顶的专用筒瓦。

瓦当上也常见到鹿、鹤等动物的形象。鹿为兽类，四肢细长，雄者头上生长有树枝般的角，初生之角称鹿茸，是一种对人体有大补的药材，产量少而十分名贵。鹿性温驯，古代设有专门养育鹿的"鹿苑"，一方面可供帝王狩猎，同时也便于采集鹿茸。鹤为鸟类，腿高，嘴尖，脖子长，亭亭玉立，形象优美，其中有头顶呈红色者称"丹顶鹤"，属鹤类中的名贵品种。鹤在鸟类中亦称长寿，所以"鹤龄""鹤寿"也成为对老人长寿的颂词。

　　秦、汉时期瓦当上的植物形象远没有动物多，其中最常见的为树纹。树干挺立，树枝向两边呈对称形伸展，具有很强的图案化特征。树纹在瓦当上有独立成画幅的，也有与兽纹、云纹相组合的。云纹也是这样，有与动、植物相组合的，也有全部以云纹装饰于瓦当上的。

　　秦、汉之后，尤其到南北朝、唐、宋时期，建设的规模很大，有皇家的宫殿，也有民间的宅馆，但瓦当的装饰却没有

四〇 凤雏纹　　　　三七 四虎纹　　　　一〇五 双鹤云纹　　　一〇二 三鹤纹

虎、鹤、凤瓦当

前期的丰富。动物的形象少了，兽面纹代替了早期的饕餮纹，圆形瓦当上的兽面形象近似明、清时代宫殿大门上的铺首兽头，有点像狮子头，有的甚至接近人脸的形象。植物纹样中以

树形瓦当

云纹瓦当

莲瓣纹居多，中心为莲蓬，四周荷花盛开组成完整的圆形莲荷图案。莲花清丽，出淤泥而不染；莲根为藕，在淤泥中节节生长，质脆而能穿坚；莲荷不仅形象美丽，而且其生态具有多方面的人生哲理，佛教亦选择白色莲荷为其象征性植物。莲荷的形象在汉朝以前就出现在国内的陶、瓷器具上，自佛教传入中国后，经魏晋南北朝至唐代得到广泛传播，唐、宋时期出现大量莲瓣形瓦当，可能与佛教的盛行有关。

南北朝瓦当

唐代瓦当

莲瓣纹瓦当

明、清两朝，先后在南方建康（今江苏南京市）和北京大规模地修建皇宫、皇陵和皇园，从这些皇家建筑上看到的瓦当，几乎全部用龙纹装饰，四神兽不见了，那些凤鸟、鹿、豹也见不到了。只有全国各地的民间建筑上还能见到雕刻着各种鸟类和植物花草纹的瓦当，但它们的艺术质量却早已大不如前。

明、清代龙纹瓦当

各地民间建筑瓦当

（二）瓦当的价值

瓦当的价值可以从历史与艺术两方面来讲述。一部五千余年的中华民族文明史是靠文字来记载和传承的。中国自从仓颉创造了文字，人们最初是把文字刻在龟背和兽骨上，今人称"甲骨文"，时间在3000多年前的商代。之后是在青铜器上刻铸文字，称"铭文"。后来古人开始在竹片与木片上用毛笔书写文字，这就是"竹木简"，相比甲骨文与铭文，竹木简要方便多了。春秋战国时期（前770—前221年），出现了在丝织品上书写的文字，称"缣书""帛书"。直至东汉（25—220年）蔡伦发明了造纸术，中国文字才得以大量书写在纸张上，使更多的历史信息得以流传。但这类比较方便的纸张与丝绸都不容易长期保存，只有早期的甲骨、青铜器和竹木简，作为殉葬品被深藏于地下墓室之中，得以保存至今。为了研究与认识古代历史，一批学者开始研究与辨认这类难认的甲骨文与竹木简文，同时也从石碑、石刻去寻求关于古代社会的记载。这种专门研究甲骨、青铜、竹木简、石刻上文字的工作逐渐形成为一种学问，称为"金石学"，它是中国现代考古学的前身。

保存至今最早的瓦当是在西周时期的遗址中发现的，秦、汉时期的瓦当在全国各地已经能见到不少，它们的时间相当于甲骨文、铭文、竹木简和缣书、帛书的时期。瓦当上的文字少者二字，多者十余字，它们所能记载的史事自然不能和甲骨、铭文、简文相比，但这少量的字仍记载了一个时代的政治、文化等方面的信息。瓦当上的宫殿名称至少能够印证历史上曾经有过的王朝与宫室；瓦当上的吉祥语也可以说明那个时代人们的意识形态。那些没有文字只有图像的画当，它们所表现的四

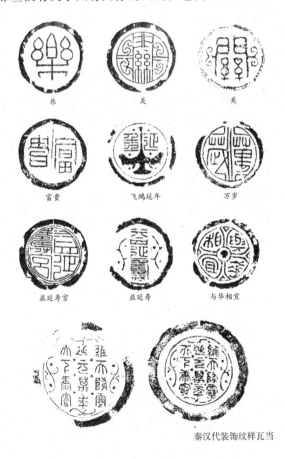

乐　　　　　关　　　　　关

富贵　　　　飞鸿延年　　　万岁

益延寿宫　　　益延寿　　　与华相宜

秦汉代装饰纹样瓦当

神兽、鹿、鹤、豹等飞禽走兽，不仅说明古人已经认识并熟悉了这些兽禽，而且还将它们作为一种装饰刻画在房屋的瓦当上，这也从一个方面反映了当时人们的文化心理。瓦当的这些价值很早就引起了古代金石学家的注意，并将它与古代彩陶文化、青铜文化、玉文化、漆文化并列，称为"瓦当文化"。

瓦当文化受到学者的重视始见于北宋，欧阳修著《砚谱》中即录有"羽阳宫瓦"十多枚，至清乾隆时期更出现了研究瓦当之风，学人朱枫著《秦汉瓦当图记》将研究引向深入。学者们广泛收集各历史时期的瓦当，辨认其上的文字，同一片汉代瓦当，被多位学者辨认，竟会得出"永受嘉福""迎风嘉福"和"卡风嘉福"的不同结论。瓦当上某一文字由于工匠在制作时用了简化体或不规范的变体，或在文字编排上有颠倒，或者在一个字的书写上有缺笔等，都会引起学者的研究与争论。正因为有这些前辈学人的努力，才使大量古代瓦当得以保存至今，使今人能够饱览这些珍贵文化，并继续研究和认识它们的价值。

小小瓦当除具有历史价值之外，还具有特殊的艺术价值。文字瓦当字虽不多，但放在小小的圆形瓦头上也有构图问题。一字瓦当居中放，四周饰以边框或纹样；二字瓦当或上下，或左右匀置瓦头，有时在字间加饰线条；将瓦当一分为四，各放一字即为四字瓦当，字间也有加饰线纹者。文字多则需统筹设计，或把文字均匀布置，或将它们分组布局；有的瓦当将文字与飞鸟共同组合，使画面更显生动。瓦当四周不论文字多少，均有边框包围，但边框的宽窄、粗边与细线之配合都需要根据文字之不同而设置。瓦当上文字多采用篆书或隶书，这种字体本身就具有一种形式之美，加上条线、边框的装饰，使瓦当成为一幅完整的图像。它们与古代的印章十分相似，都是由文字组成的图案。在印章上用刀刻出来的文字具有一种苍劲之美；而在瓦当上的文字是用刀在泥坯上刻画，再经过窑火炼制而成，其文字笔画的勾勒曲直同样具有苍劲感，从而形成瓦当文字的一种特殊艺术造型。值得注意的是，古代印章从书写到刻画都是由文人操作的，而瓦当却完全由工匠操作，我们从这些瓦当上的文字、构图可以看出，这样的工匠不仅有高超的制瓦技术，艺术水平也非常高。

在秦汉时期的瓦当上，除了有刻有文字的字当外，还有各式纹样装饰的画当。其中一类是以云纹、涡纹、四叶纹等形状构成的图案，常见的是用十字形线将瓦头一分为四，再以相同的纹样填入，但就在这样简单的构图中，工匠应用纹样的大小、十字中心的不同式样，四周边框的粗细、繁简，设计和制造出丰富多样的不同瓦当。另一类是由各种动物形象作装饰的画当，其中常见的有四神兽、鹿、凤、雁、鱼等，关于这些动物形象的创造，在本书"画像砖"的章节中已经作过分析。

　　由于要在平面上刻画出各种动物的真实形象，古代工匠多采用一种"神态写意"的方法，主要靠工匠对这些动物进行细微观察，充分掌握它们外观形态的特征，将其刻画在陶砖的表面，注重各自的神态而舍去细节的描绘，所以称之为神态写意。要在面积很小的瓦当上刻画这些动物，难度更大。首先在小小的圆形瓦当上只能刻画单只，至多两只动物，所以对这些动物的形象刻画需要更准确，更有概括性。

　　以常见的鹿纹瓦当为例：无论是举腿向前奔跑的，还是行进中回首观望的，都是头带树枝状的鹿角，长脖、细腿，将鹿的体态特征刻画得十分准确。甚至还有身上有梅花纹的梅花鹿，以及子母鹿和双鹿纹。子母鹿的母鹿在前，子鹿在后，

秦汉代装饰纹样瓦当

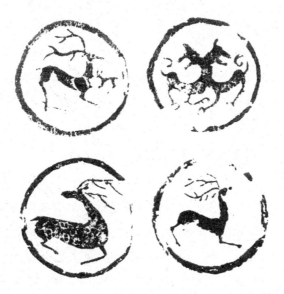

鹿纹瓦当

母鹿刻画较细，连身上的斑纹和头上的眼睛都有表现，而远处的子鹿只有几笔勾画。双鹿纹是左右两只鹿交颈相连，卷着鹿尾，张着嘴欢快地嘶叫。古代工匠把位于高高屋顶上的小瓦当进行了如此细心的装饰，以他们特有的精湛技术和艺术才华给我们留下一份珍贵的文化遗产。

青瓦屋顶

在中国各地用泥土烧制出来的瓦大多呈青灰颜色，所以俗称"青瓦"或"灰瓦"。青瓦又有半圆形的筒瓦和弧形的板瓦两种。用青瓦铺设在屋顶上，常见的有三种做法：

其一是筒瓦屋顶。即以板瓦仰面，拱形弧面朝下，从屋檐一块压一块地往上成直行铺设，两行之间稍留空隙，然后用筒瓦，圆面朝上，也是一块压一块地覆盖在两行板瓦之间的空隙上。铺设完成后，在屋顶上见到的是一行行由圆形筒瓦组成的瓦垄。

其二是合瓦屋顶。与筒瓦屋顶相同，也是先用板瓦仰面成行铺陈，然后不是用筒瓦，而是用相同的板瓦凸面朝上覆盖在底瓦之上，所以屋顶上见到的是由板瓦组成的条条瓦垄。

以上两种屋顶，在北方由于气候寒冷，冬季需要保温，所以都在房屋屋顶的望板上铺设一层灰泥，称为"苫背"，再在苫背上铺瓦。在南方则不用苫背，把瓦直接铺设在望板或望砖上。有的农村住房更省去了屋顶上的望板或望砖，将瓦直接放在木椽子上面，减轻了屋顶部分的重量。

其三是干搓瓦屋顶。它的做法是用板瓦仰面铺设在屋顶的苫背层上，也是一块压着一块由下到上垂直成行，但是两行之间不留空隙，紧密相挨，并且用泥浆把两行板瓦之间的接缝填实，使之不致漏水。这种干搓瓦顶做法比较简单，总体重量比较轻，只

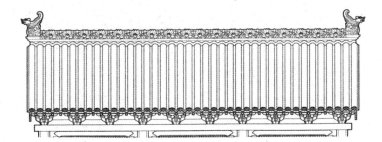

筒瓦屋顶

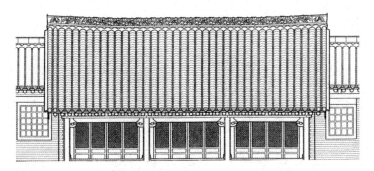

合瓦屋顶

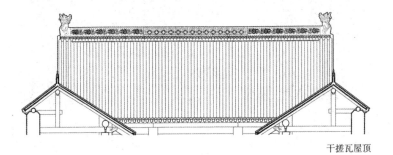

干搓瓦屋顶

要施工仔细，防水性也比较好，适用于气候干燥少雨的北方。

以上三种屋顶虽做法不同，但对工匠都有严格的质量要求，例如屋顶上苦背层的泥土厚薄要均匀；仰瓦、覆瓦上下的扣压长度要够标准；瓦垄必须左右排列整齐，瓦垄之间必须保持垂直通畅等等。为了保证青瓦上下相叠又不至于将屋檐部位的瓦推落屋顶，以及防止瓦片被巨风刮飞，在一排屋檐的瓦上还需加设瓦钉，在瓦垄上需压砖块。这些整齐排列在屋顶上的瓦垄和有序的瓦钉、压砖，本身就组成为一幅具有形式美的图案。

檐瓦瓦钉

瓦垄压砖

屋顶瓦面

但工匠并不满足于这些简单的形式之美，他们还尽可能地利用这几种不同的瓦顶做法在屋顶上变出一些花样。例如山西沁水县农村一座住宅的大门，门洞加门头装饰通高两层，直抵屋檐，为了突出大门的形象，工匠将门头上这一部分的屋顶特别用干搓瓦顶的做法和两侧的筒瓦顶制造出差别，使屋顶瓦面有了变化。又如广东东莞农村一座祠堂，祀厅屋顶上大部分用合瓦顶，而在屋檐部分用筒瓦顶，红色板瓦与绿色筒瓦相配，加上有彩色装饰的屋脊，突出了祀厅的艺术形象。

除此之外，工匠还利用瓦上的局部装饰来美化屋顶。其一是檐口部分：筒瓦顶屋檐部位的筒瓦均有瓦当，前面我们已经讲过了瓦当的装饰，但在筒瓦下檐口部位的仰面板瓦上，早期的建筑上却看不到相应的瓦头。在宋期的建筑上可以见到在这些檐口板瓦头上如同筒瓦瓦当一样加了一块向下的瓦头，因为落在屋顶上的雨、雪水是沿着板瓦沟向下流动的，所以这种瓦头的功能是便于排水，使积水顺着向下的瓦头下泄，避免在板瓦顶端产生回流现象，对屋顶下椽子等木构件起到防止雨水浸渍的作用。因为雨水都经过这些板瓦头滴落地面，所以将它们称为"滴水瓦"，简称"滴水"。滴水呈倒三角形，两斜边常做成如意曲线状。滴水虽小，但工匠对它们都进行了装饰。

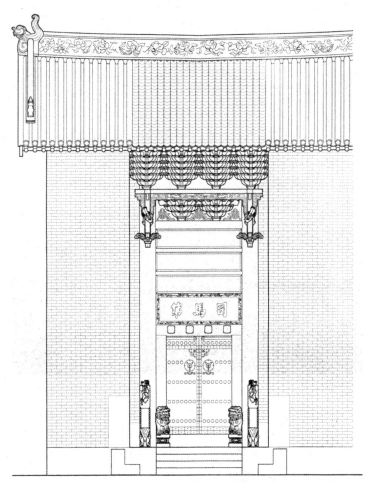

山西沁水西文兴村司马第大门图

广东东莞南社村祠堂屋顶

　　和瓦当一样，滴水也有"文滴"和"画滴"，分别用文字和画像装饰，也有二者并用的。在同一幢建筑上，圆形瓦当和三角形滴水往往用同一种装饰，如在明、清两朝北京紫禁城的宫殿上用的都是龙纹，因为瓦当与滴水的外形不同，龙的姿态也不一样，瓦当上用盘蜷的团形龙，而滴水上用行进中的行龙。

在合瓦屋顶上，下面的仰瓦和上面的覆瓦均用弧形的板瓦，在屋檐部位的仰瓦头上有滴水，而在覆瓦头上也像筒瓦的瓦当一样，顶端连着一块垂直向下的瓦头，只是外形不是圆形而呈弧形，因为它像人的嘴唇，所以称为"唇瓦"。唇瓦与滴水相配，故而有的滴水外形也由长三角变为扁形三角。它们头上的装饰有的统一，如上下均为双龙或寿字纹；有的也不统一，唇瓦与滴水上不用同一种纹饰。

屋顶檐口瓦当与滴水

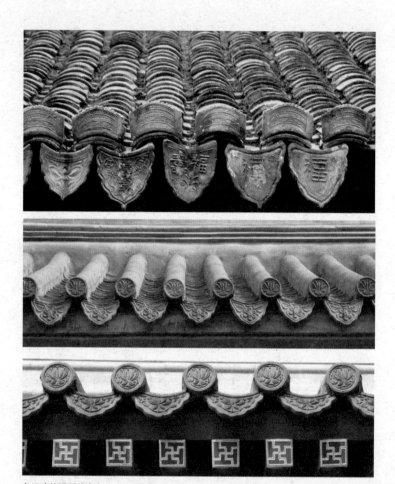

各地建筑屋顶的滴水

明清宫殿屋顶的瓦当和滴水

屋顶唇瓦

　　在南方一些庙堂和住宅的厅堂屋顶上，合瓦顶的檐口覆瓦不用唇瓦，而是用白灰将瓦头部封死，白灰比普通泥土防水性强，所以也能起到保护作用。大片青灰色的瓦面，在屋檐边上有一圈白点组成的镶边，有的工匠还在这小小的白灰表面勾上几笔墨线，使屋顶变得生动起来。

合瓦屋顶的瓦当和滴水

用瓦作屋顶装饰还表现在房屋的正脊上。两面坡的屋顶在顶部两面相交而形成一条屋脊，因为它处于正面，所以称"正脊"。在广大农村的住宅屋顶上，我们见到的正脊都是用普通的瓦片直立排列而成的，在正脊中央多用瓦片组成套圆、钱币等形状，高于屋脊而起到重点装饰作用。稍讲究一些的房屋正脊是用条砖砌筑成条状脊，在其中用瓦组成透空的花，成为一条空透的正脊。

瓦头用白灰的屋顶檐口

各地建筑屋顶瓦作正脊

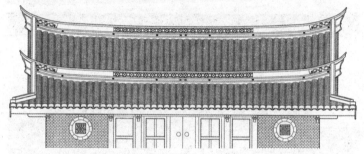

透空屋顶正脊

明代成书的《营造法原》（姚承祖著）是一部记载江南地区建筑形式和制度的专著，其中有一张各式屋脊的图，图中举出的甘蔗脊、雌毛脊、纹头脊、哺鸡脊等多种屋脊，都是用直立的瓦片组成脊身，瓦片上下用条砖封边，只是在两端脊头处用了不同式样的正吻才有了不同的名称。其实民间建筑的屋脊千姿百态，比书中所举式样更为丰富，只用普通的瓦片，通过工匠的巧妙构思和精湛技艺，就可以制造出极丰富的屋脊式样。

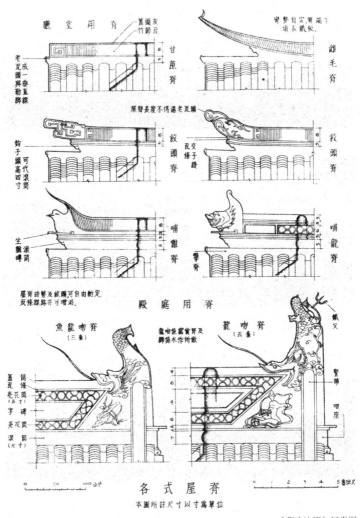

各式屋脊

本圖所註尺寸以寸爲單位

《营造法原》屋脊图

各式纹头脊

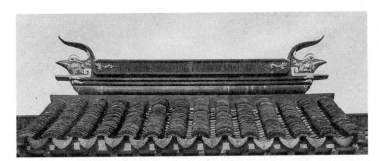

哺鸡脊

鱼龙吻脊

琉璃瓦

　　琉璃瓦与琉璃砖在烧制工艺上完全相同，在前面琉璃砖部分已大致介绍过。琉璃瓦与普通陶瓦在瓦坯所用原料上相同又不相同。相同是指用的均为泥土，不同之处是琉璃瓦坯的土质比普通陶瓦要求更高。琉璃砖瓦的胎质在北方称"坩子土"，在南方称"白土"，江苏当涂县所产的白土质量最好，烧成后的琉璃砖瓦，其胎均呈白色。明代先后在南京和北京大规模建筑朝廷宫殿，所用琉璃构件的原料都取自当涂县。其他在山西、河南、陕西、四川等地也有此类白土，它的产地分布较广。

北京紫禁城中和殿琉璃瓦顶

北京天坛皇穹宇琉璃瓦顶

白土自山中挖出后，先将土碾成细末，再注水和成泥浆，以人脚踩踏使之柔润黏合，随后置于阴凉处供制作各种琉璃制品的坯胎。将制作好的琉璃构件坯胎晾干后放进窑中，第一次进窑烧时不上釉料，称为"素烧"。素烧用煤或木柴作燃料，经高温烧2～3天，再冷却1～2天出窑。在经过素烧成形的砖瓦等制品表面涂上釉料，根据构件的需要，不同成分的釉料可以烧出不同的色彩。将上过釉的构件再放入窑中经低温烧制出窑，即成为表面坚硬并有光泽的琉璃制品。

　　琉璃制品是随着各地的工程建设而发展的，为了施工方便，烧制琉璃的窑址多设立在工程所在地的附近。明朝初年，明太祖朱元璋定都南京，为了适应南京宫城建设，在南京聚宝山和当涂县青山都设有专门的御窑。明永乐帝将都城迁往北京，重新建造宫城，于是在京郊海王村设窑烧制琉璃砖瓦，为了保证质量，所用陶土都不远千里自江苏当涂运来。

　　明朝中叶以后，嘉靖至万历年间，由于社会相对稳定，经济得到发展，各地民间大量修筑寺庙，促进了琉璃构件的需求提升，于是在山西、山东、河北、河南等地的城乡出现了一批大大小小的窑场。尤其是山西，由于当地盛产燃煤与陶土，琉璃业得到了很大发展，在晋中的平遥、介休、文水，晋东南的阳城等地均有大批民间窑场，为各类建筑提供了各式各样的琉璃构件。

如今我们在平遥城内的中心市楼和城隍庙屋顶上，以及介休城内的后土庙各殿堂的屋顶上，都可以见到五彩缤纷的琉璃瓦、琉璃吻兽。介休县张壁村是一个不大的乡村，在村的东、西寨墙

山西平遥市楼屋顶

山西平遥城隍庙屋顶

山西介休后土庙屋顶

山西介休张壁村空王殿屋顶正脊

上各有一座小庙，就在这两座小庙堂的屋顶上各有一条完全用琉璃砖瓦铺建的正脊，脊中央用楼阁、麒麟、大象、宝瓶组成"三山聚顶"的装饰，脊两头为龙头形的正吻，还有骑着战马在脊上奔驰的武将。这些构件由黄、绿、蓝、白诸色琉璃组成，特别是蓝色近似孔雀翼毛之色，比普通蓝色更鲜艳亮丽，故称"孔雀蓝"，在小庙檐廊里还立着一座用琉璃砖贴面的石碑。从以上这些寺庙、市楼建筑上可以看到明、清时期当地琉璃窑业的发达，是当时山西的一项重要手工业。

张壁村西方圣境殿屋顶正脊

（一）北京紫禁城的琉璃瓦

明成祖永乐皇帝登基后，将都城由南京迁至北京，并在元大都宫城的基地上重新建造新的宫城——紫禁城。紫禁城占地72万平方米，建筑面积超过16万平方米。如果我们站在北京景山顶上向南俯视紫禁城，可以看到数百幢的宫殿建筑屋顶几乎全部用黄色琉璃瓦铺设，在阳光照耀下像是一片熠熠发光的黄色海洋。琉璃瓦质地坚实，表面有一层光亮的釉质，抗水性强，能够长期使用不易损坏，这自然成为宫殿屋顶首选材料。

北京紫禁城鸟瞰

　　为什么选用黄色琉璃瓦？前面已经介绍过，中国古代的阴阳五行学说把五种原色和五个方位互相组合，成为东方蓝、西方白、南方赤（红色）、北方玄（黑色）、中央为黄色。黄色居中，又是土地之色，在以农业为本的中国封建社会，自然将黄色视为"正色"，中和之色，位于诸色之上，由此奠定了黄色的神圣地位。在紫禁城之西的社稷坛是皇帝行祭拜社稷之礼的地方，高出地面的四方形祭台上铺着由全国各地取来的土，象征着"普天之下莫非王土"。土分五色，赤、青、黑、白各据一方，黄色土被放在中央。自唐朝开始，黄袍成为皇帝的专用服装，"黄袍加身"意味着登上皇位。皇帝的文告称"黄榜"，皇帝专用乘车称"黄屋"等。连土生土长的道教也崇尚黄色，把道教神仙的神谕写在黄纸上。

一种色彩的比喻和象征性是带有地域性的，是与一个地域、民族的历史、文化密切相关的。在中国具有神圣意义的黄色在西方却具有完全相反的意义。意大利文艺复兴时期艺术巨匠达·芬奇创作的著名油画《最后的晚餐》，其中围在餐桌四周的众人皆穿的是红色、蓝色服装，唯独背叛耶稣的犹大身着黄衣。在当时欧洲人的心目中，黄色具有背叛的意思。

19世纪末20世纪初，欧美国家一些报社为了争取读者扩大销售量，在报刊上发表一些有关暴力、色情的消息，甚至无中生有地编造假新闻，为了减少视力的疲劳，专用一种浅黄色的纸张印刷这类文章。这种做法引起了社会舆论的批评，将它们称为"黄色报纸""黄色新闻"，所以逐渐形成了用"黄色新闻"代表有低级、暴力、色情等内容的新闻的情况。总之，黄色被赋予了与神圣相反的、负面的象征意义。

西方的文艺复兴时期相当于中国明王朝的初期和中期，但即使《最后的晚餐》将黄色作为叛徒犹大的服色，也无法否定黄色在中国的神圣地位。所以紫禁城还是用了一片黄色的琉璃瓦，它以明亮的色彩，在蓝天的对比和衬托下，表现出一种封建皇帝所祈求的鲜艳、浓烈与器哗。

在庞大的紫禁城宫殿群中也可以找出几处不全用黄琉璃瓦顶的处所，例如宫城中几处园林和专作藏书的文渊阁。园林是供帝王和皇子、后妃休息游玩的场所，在这里有栽植的树木、花草，有石堆的假山，挖掘的水池，还在其中修建亭、台、楼阁。御花园是宫城中最大的御园，由于位居紫禁城中轴的北端，所以还维持着左右对称的布局，但是在一些亭榭建筑上中心用了绿色琉璃瓦，四边用黄琉璃瓦镶边，称为黄瓦"剪边"。宫城内另一处花园位于宁寿宫西侧，宁寿宫是乾隆皇帝

北京紫禁城御花园亭屋顶

瓦　　141

北京紫禁城宁寿宫花园亭屋顶

专为他退位当太上皇时使用的宫殿。乾隆一生酷爱园林，所以在宫旁小块地上专门修造了一处园林，俗称"乾隆花园"。在这座小园的多座轩阁亭廊上用了不同色彩的琉璃瓦，有黄瓦绿剪边的，有绿瓦黄剪边的，还有蓝瓦黑剪边的，由于用了这些多彩的琉璃瓦，所以建筑与四周的植物、堆石更为和谐，使园林整体环境更显活泼生动。

文渊阁为紫禁城中存藏图书和供皇帝读书的地方，阁高两层，面宽五间，在屋顶上却铺着黑色琉璃瓦，我们考察辽宁沈阳清朝初期的宫殿群也有这样一座存藏图书的"文溯阁"，它的屋顶上也铺的是黑色琉璃瓦，这自然不是偶然现象。因为中国古代建筑为木结构，最怕火灾，存藏书的建筑就更怕火灾，而黑色在五色中居北方位置，与五行中的水相应，四神兽中的水生动物龟也处于这个位置，称为玄武，所以黑色具有水的象征意义，水能克火，因此在文渊阁、文溯阁的屋顶上都用了黑色琉璃瓦。文渊阁四周植四季常青的松树，阁前有池水，具有园林的环境，所以文渊阁不用红色柱子而用了绿色立柱，屋顶的黑色瓦特别用了绿色的剪边，黑绿二色与青松、绿水相配，创造出一种宁静的读书环境，在辉煌、热闹的宫殿建筑群体中，成为一处特殊的所在。

紫禁城文渊阁

辽宁沈阳故宫文溯阁

（二）园林建筑的琉璃瓦

从紫禁城几座小园林中可以看出，一些园林的皇家建筑上也用了不同颜色的琉璃瓦，其他园林建筑的用瓦就更是多变。古代能够用琉璃瓦铺顶的都属于重要建筑，在园林中首推皇家园林建筑。北京颐和园是清乾隆时期建筑的最后一座大型皇家园林，它正处于清代园林建设的高峰期，可以说体现出了中国古代园林技术与艺术的最高水平。身为皇家建筑，它需要体现出皇家建筑的宏伟与气势，但它又是园林，不同于紫禁城，所以又要表现出中国古代山水园林的自然意境。颐和园主要由万

北京颐和园排云殿建筑群

北京颐和园排云殿建筑群

颐和园排云殿屋顶

寿山与昆明湖组成，形成山临水、水环山的大格局。其主要建筑群排云殿、佛香阁建造在万寿山的前山中轴线上，沿山势而建，由山脚至山顶，形成一组十分有气势的皇家建筑。排云殿的殿堂上全部用黄琉璃瓦铺设，更显出了皇家建筑的气势。但是这里毕竟是园林而非单纯的皇宫，所以在排云殿之后的佛香阁屋顶及各层腰檐上都用了黄琉璃瓦绿色剪边，佛香阁之后的智慧海无梁殿上更用黄、绿二色琉璃瓦在屋顶上组成花样装饰。

颐和园佛香阁屋顶

颐和园智慧海屋顶

颐和园转轮藏佛寺屋顶

　　再向中轴线的两侧观察，佛香阁两边的山石上各建有一座四方亭子，它们的屋顶也用黄瓦绿剪边；再往两侧，东有转轮藏，西有五方阁，它们都是佛教建筑，由多座小殿堂组合而成，在这些殿堂的屋顶上用的全都是绿色琉璃瓦，而这一大群建筑四周皆有松柏包围。所以从屋顶上可以看到中心轴线上前为黄，后为黄、绿；两侧由黄、绿过渡至全绿，然后融入大片长青的松柏之中。可以这样说，在颐和园既有皇家建筑气势又不失园林意境的总体设计中，建筑屋顶上瓦的色彩起到了很重要的作用。

（三）庙堂建筑的琉璃瓦

庙堂建筑指的是佛、道、伊斯兰等宗教的寺庙，以及各地敬神仙、拜祖先的各种庙宇和祠堂。北京城内的西苑、后海和城郊的圆明园、颐和园都属皇家园林，它们既是帝王休息游玩之所，又供皇帝在里面办政务、敬佛拜神，所以称为"离宫"型园林。园内少不得建有佛寺等寺庙。颐和园和西苑内都有多座佛寺供皇帝使用。北京北海的琼华岛上有一座永安寺，这是一座佛教寺院，由多座殿堂和一座喇嘛塔组成。佛寺殿堂的屋顶上用黄绿黑诸色的琉璃瓦组成菱形的几何纹样作装饰，使它们与四周的植物山水环境融为一体。

北京北海永安寺大殿屋顶

山西介休后土庙殿堂屋顶

由于庙堂建筑是广大百姓敬神信仰的活动中心，所以在各地城乡都是重要的建筑，有的还成为城乡的政治、文化中心，成了一座城市或乡村的标志。因此这类庙堂建筑大多规模宏大，装修讲究，位居城乡中心位置。在建筑中，用讲究的琉璃瓦铺顶成为常用的办法，尤其在出产琉璃瓦的地区，更是普遍现象。

山西介休后土庙影壁

山西平遥城隍庙正殿屋顶

平遥城隍庙侧殿屋顶

瓦　　**153**

山西介休市是古代民间烧琉璃窑的传统地区，介休城内的后土庙的殿堂、楼台屋顶上就广泛地用琉璃瓦作装饰，有在青瓦底上用黄绿色琉璃瓦拼出几何形花饰的；有用青瓦绿剪边的；有用黄色瓦当和绿色滴水的。后土庙的几座砖影壁上也用黄或绿色琉璃瓦作壁顶，在影壁身上也用蓝黄二色琉璃拼成花饰。这些五彩的琉璃使后土庙的形象显得丰富而生动。如今当地烧制琉璃的技艺已列入全国非物质文化遗产保护名录。

　　山西平遥也是古代民间琉璃窑集中的地区，城内的城隍庙也广泛地使用了琉璃瓦。在主要大殿的屋顶上用黄蓝二色琉璃瓦组成菱形装饰，使屋面好似一块织有花饰的地毯；两边的侧殿上也在青瓦面上用黄绿二色琉璃瓦拼上几何形花饰，而且这些屋顶都有用黄绿蓝诸色琉璃构件组成的屋脊、正吻、小兽，使城隍庙建筑显得热闹非凡，成为平遥古城中一处重要的庙宇。

　　琉璃砖瓦和各式各样的琉璃构件，使自古即重视装饰的中国建筑变得更加多彩。